Schnittpunkt 9

Mathematik
Rheinland-Pfalz

Arbeitsheft

herausgegeben von Matthias Dorn

erarbeitet von
Oliver Blinn, Matthias Dorn, Jürgen Frink, Petra Hillebrand, Klaus-Peter Jungmann,
Karen Kaps, Michael Kölle, Tanja Sawatzki, Uwe Schumacher

Ernst Klett Verlag
Stuttgart · Leipzig

Hinweise für Schülerinnen und Schüler ____ 2

Basiswissen
Rechnen mit Brüchen, rationalen Zahlen ____ 3
Rechnen mit Dezimalbrüchen ____ 4
Terme und Gleichungen ____ 5
Figuren und Flächen ____ 6
Körper und Raum ____ 7

1 Lineare Gleichungssysteme
Lineare Gleichungen mit zwei Variablen ____ 8
Lineare Gleichungssysteme (1) ____ 9
Lineare Gleichungssysteme (2) ____ 10
Lösen durch Gleichsetzen ____ 11
Lösen durch Addieren ____ 12
LGS – Lösen mit verschiedenen Verfahren ____ 13
Modellieren mit linearen Gleichungssystemen ____ 14
Dein Merkzettel ____ 15

2 Wurzeln
Quadratwurzeln ____ 16
Multiplikation und Division ____ 17
Addition und Subtraktion ____ 18
n-te Wurzel ____ 19
Dein Merkzettel ____ 20

Training 1
Üben und Wiederholen ____ 21

3 Zinsen
Zinsrechnung (1) ____ 22
Zinsrechnung (2) ____ 23
Zinseszins. Zuwachssparen ____ 24
Dein Merkzettel ____ 25

4 Ähnlichkeit. Strahlensätze
Zentrische Streckung ____ 26
Ähnliche Figuren (1) ____ 27
Ähnliche Figuren (2) ____ 28
Strahlensätze (1) ____ 29
Strahlensätze (2) ____ 30
Lesen und Lösen ____ 31
Dein Merkzettel ____ 32

Training 2
Üben und Wiederholen ____ 33

5 Satzgruppe des Pythagoras
Kathetensatz ____ 35
Höhensatz ____ 36
Satz des Pythagoras ____ 37
Satz des Pythagoras in geometrischen Figuren (1) ____ 38
Satz des Pythagoras in geometrischen Figuren (2) ____ 39
Anwendungen ____ 40
Dein Merkzettel ____ 41

6 Pyramide. Kegel. Kugel
Prisma und Zylinder (1) ____ 42
Prisma und Zylinder (2) ____ 43
Pyramide. Oberfläche ____ 44
Pyramide. Volumen ____ 45
Kreisteile ____ 46
Kegel. Oberfläche und Volumen ____ 47
Kugel. Oberfläche ____ 48
Kugel. Volumen ____ 49
Zusammengesetzte Körper (1) ____ 50
Zusammengesetzte Körper (2) ____ 51
Dein Merkzettel ____ 52

Training 3
Üben und Wiederholen ____ 53

Register ____ 56

Liebe Schülerinnen und Schüler,

auf dieser Seite stellen wir euch euer Arbeitsheft für die 9. Klasse vor.

Die Kapitel und das Lösungsheft

In den einzelnen Kapiteln des Arbeitshefts werden alle Themen aus deinem Mathematik-
unterricht behandelt. Wir haben versucht, viele interessante und abwechslungsreiche
Aufgaben zusammenzustellen, die euch beim Lernen weiterhelfen werden.
Alle Lösungen zu den Aufgaben stehen im Lösungsheft, das in der Mitte eingeheftet
ist und sich leicht herausnehmen lässt.

Basiswissen

Wichtige Themen aus Klasse 8 werden hier wiederholt und nochmals geübt. Diese Seiten kannst du
zum Einstieg bearbeiten oder erst dann, wenn du merkst, dass du z. B. eine Auffrischung zu Termen und
Gleichungen gut gebrauchen kannst.

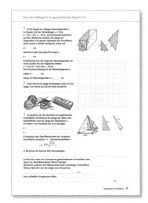

Übungsblätter

Zu allen wichtigen Bereichen der 9. Klasse findet ihr hier viele verschiedene Übungen.
Damit ihr seht, wie eine Aufgabe gemeint ist, haben wir an einigen Stellen schon
einen Aufgabenteil gelöst (orange Schreibschrift). Eure Antworten schreibt ihr auf die
vorgegebenen Linien _____ oder in die farbigen Kästchen ▨ .
Manchmal braucht ihr einen Zettel für Nebenrechnungen. An manchen Aufgaben findet
ihr Nummern, z. B. $[T_1]$. Falls ihr Schwierigkeiten haben solltet, für die gekennzeichnete
Aufgabe einen Lösungsansatz zu finden, könnt ihr den entsprechend nummerierten
Tipp am unteren Seitenrand durchlesen und dann weiterarbeiten. Damit diese Tipps
nicht unbeabsichtigt gelesen werden können, haben wir sie auf den Kopf gestellt.

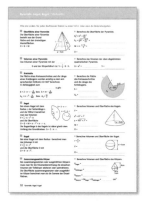

Merkzettel befinden sich am
Ende von jedem Kapitel. Dort
stehen alle wichtigen Regeln
und Begriffe, die das Kapitel
enthält. Um euch zu helfen,
diese Begriffe leichter und
auch dauerhaft zu merken,
sollt ihr auch diese Blätter
selbst bearbeiten und lösen.

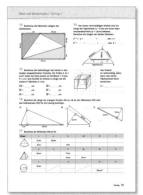

Training: Üben und Wiederholen.
Die drei Trainingseinheiten im
Heft wiederholen den neuen
und auch den schon etwas
älteren Stoff. Hier findet ihr
Aufgaben zu allen davor liegen-
den Kapiteln.

Der Wissensspeicher und das Register

Wisst ihr nicht, was ein Begriff bedeutet? Oder sucht ihr Übungen zu einem bestimmten Thema? Hier hilft das
Register auf der letzten Seite. Alle mathematischen Begriffe der 9. Klasse könnt ihr dort nachschlagen. Von
dort werdet ihr auf die Seite verwiesen, auf der ihr eine Erklärung des Begriffs findet.
Probiert es am besten gleich aus: Auf welcher Seite wird „Ratenkauf" erklärt? _____

Zuwachs-
sparen?

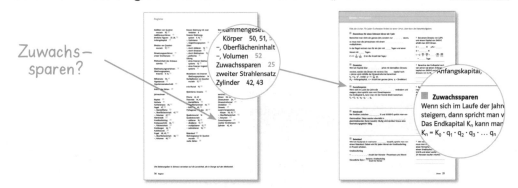

Nun kann es losgehen. Wir wünschen euch viel Spaß und Erfolg beim Lösen der Aufgaben.

Euer Autorenteam

1 Berechne im Kopf.

a) $\frac{1}{3} + \frac{1}{6} =$ _____

b) $\frac{7}{8} - \frac{1}{4} =$ _____

c) $1\frac{1}{2} + 2\frac{2}{5} =$ _____

d) $4 - \frac{3}{7} =$ _____

e) $\frac{1}{3} \cdot \frac{1}{6} =$ _____

f) $\frac{7}{8} : \frac{1}{4} =$ _____

g) $1\frac{1}{2} \cdot 2\frac{2}{5} =$ _____

h) $4 : \frac{3}{7} =$ _____

2 Wandle die Brüche in Dezimalbrüche um. Erweitere und kürze, wenn dies nötig ist.

a) $\frac{3}{4} =$ _____

b) $\frac{3}{5} =$ _____

c) $\frac{3}{6} =$ _____

d) $\frac{5}{20} =$ _____

e) $\frac{4}{25} =$ _____

f) $\frac{3}{24} =$ _____

g) $\frac{12}{15} =$ _____

h) $\frac{56}{80} =$ _____

i) $\frac{77}{140} =$ _____

j) $\frac{12}{75} =$ _____

3 Markiere den angegebenen Bruchteil farbig bzw. gib den markierten Anteil als Bruch an.

a) $\frac{7}{19}$

b) $\frac{17}{24}$

c)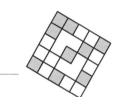
_____

d)
_____

4 Berechne zuerst beide Seiten (Bruchdarstellung). Setze dann das richtige Vergleichszeichen (<, =, >).

a) $\frac{}{} = \frac{1}{2} + \frac{1}{3}$ ▢ $\frac{1}{3} + \frac{1}{4} = \frac{}{}$

b) $\frac{}{} = \frac{5}{6} - \frac{1}{7}$ ▢ $\frac{5}{6} - \frac{1}{8} = \frac{}{}$

c) $\frac{}{} = \frac{3}{4} - \frac{1}{3}$ ▢ $\frac{2}{6} + \frac{1}{12} = \frac{}{}$

d) $\frac{}{} = \frac{1}{2} - \frac{7}{15}$ ▢ $\frac{1}{3} - \frac{2}{10} = \frac{}{}$

e) $\frac{}{} = \frac{2}{5} - \frac{1}{6}$ ▢ $\frac{1}{5} + \frac{1}{15} = \frac{}{}$

f) $\frac{}{} = \frac{1}{4} + \frac{5}{6}$ ▢ $\frac{2}{3} + \frac{3}{8} = \frac{}{}$

5 Berechne schrittweise.

a) $\frac{2}{7} \cdot \frac{14}{3} - \frac{4}{15} : \frac{4}{5} =$ _____

b) $\frac{3}{5} \cdot \left(\frac{6}{11} - \frac{13}{44} \right) \cdot \frac{2}{3} =$ _____

c) $\frac{1}{4} + \frac{3}{8} \cdot \frac{4}{6} + \frac{5}{9} \cdot \frac{21}{20} \cdot \frac{2}{7} =$ _____

6 Hier kann das Ergebnis negativ sein. Rechne im Kopf.

a) $\frac{1}{2} - \frac{2}{3} =$ _____

b) $-\frac{7}{10} + \frac{1}{5} =$ _____

c) $\left(-\frac{6}{11} \right) \cdot \left(-\frac{22}{24} \right) =$ _____

d) $\frac{1}{2} : \left(-\frac{2}{3} \right) =$ _____

e) $-\frac{7}{9} - \frac{2}{6} =$ _____

f) $\frac{11}{8} - \frac{4}{3} =$ _____

7 Schätze den Anteil

a) der schwarzen Reiskörner.

b) der schwarzen Fläche.

c) des dunklen Fells.

 = ▢

 = ▢

 = ▢

1 Fülle die Lücken aus. Rechne im Kopf.

a) $1,3 + 12,4 =$ _____

b) $7,44 - 3,4 =$ _____

c) $2,68 - 3,97 =$ _____

d) $-0,66 + 1,05 =$ _____

e) $3 +$ _____ $= 1,25$

f) _____ $- 3,6 = 6,3$

g) _____ $- 44,6 = -100$

h) $0,5 -$ _____ $= -5$

i) $0,5 \cdot 2,5 =$ _____

j) $0,125 \cdot 80 =$ _____

k) $1,2 \cdot 0,3 =$ _____

l) $0,2 \cdot 0,4 =$ _____

m) $16,8 : 4 =$ _____

n) $27,9 : 0,3 =$ _____

o) $125,75 : 0,25 =$ _____

p) $1824,3 : 6 =$ _____

2 Löse die Zahlenmauern. Benachbarte Zahlen werden addiert.

a)

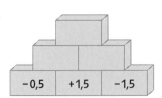

$-0,5$ $+1,5$ $-1,5$

b)

$+2$

$-\frac{9}{2}$ $-\frac{1}{2}$

c)

100

-10

-100

-105

3 Berechne im Kopf. Bei einigen Aufgaben musst du Klammern setzen.

a) $0,7 + (-0,4) = \boxed{}$

b) $-0,2 - \left(-\frac{1}{10}\right) = \boxed{}$

c) $0,3 - (-0,8) = \boxed{}$

d) $-\frac{3}{4} + \left(-\frac{3}{4}\right) = \frac{\boxed{}}{\boxed{}}$

e) $\frac{\boxed{}}{\boxed{}} + \frac{3}{9} = -\frac{2}{9}$

f) $\frac{\boxed{}}{\boxed{}} - \left(-\frac{1}{7}\right) = \frac{5}{7}$

g) $4,5 + \boxed{} = \frac{7}{2}$

h) $-\frac{6}{4} - \frac{\boxed{}}{\boxed{}} = \frac{1}{4}$

4 Löse durch Kommaverschiebung.

a) $0,98 \cdot 10^3 =$ _____

$0,98 \cdot 100 =$ _____

$0,98 : 10 \ =$ _____

b) $76,87 \cdot 10^2 : 10\,000 =$ _____

$76,87 : 10 =$ _____

$76,87 \cdot 1 =$ _____

c) $0,657 : 10^3 =$ _____

$0,657 : 10\,000 \cdot 100 =$ _____

$65,7 \cdot 10^4 : 1000 =$ _____

5 Berechne möglichst im Kopf.

a) $6 \cdot (-7 - 8) =$ _____

b) $16 : (4 \cdot 12 - 40) =$ _____

c) $6 - 13 + 4 \cdot (-3) =$ _____

d) $(6 - 26) \cdot (56 : 14) =$ _____

e) $-72 : 4 + (16 - 22) =$ _____

f) $8 \cdot (-9) - 78 : (-6) =$ _____

g) $(3 \cdot 4 - 9 \cdot 4) - 13 =$ _____

h) $(21 - 7 \cdot 8) : (-7) =$ _____

i) $-6 \cdot 13 - 4 \cdot 9 =$ _____

6 Rechne vorteilhaft.

a) $0,12 + 0,3 + 0,82 + 0,7 =$ _____

b) $2,65 - 1,73 - 0,15 + 0,23 =$ _____

c) $3 \cdot 0,48 + 3 \cdot 0,12 =$ _____

d) $0,24 \cdot 0,4 - 0,14 \cdot 0,4 =$ _____

e) $0,3 \cdot (-0,125) \cdot 0,8 \cdot (-30) =$ _____

f) $5,79 - 1,11 - 1,08 - 0,6 =$ _____

7 Berechne und gib das Ergebnis sowohl als Bruch als auch als Dezimalbruch an.

a) $\left(\frac{1}{4} + 0,5\right) \cdot \left(0,3 - \frac{1}{5}\right) =$ _____

b) $\frac{1}{8} \cdot 0,25 \cdot 1,6 \cdot 4 =$ _____

c) $\frac{2}{3} + \frac{1}{6} + \frac{1}{9} + \frac{1}{18} =$ _____

d) $\frac{1}{5} + 0,12 \cdot \frac{5}{3} + 0,6 =$ _____

1 Trage die fehlenden Zahlen in die Tabelle ein.

x	1	2	5			10	20	
3x − 2	1			10	40			100

2 Kreuze die Rechenausdrücke an, welche 25 % der Zahl x angeben.

☐ $\frac{x}{25}$ ☐ $x \cdot 25\%$ ☐ $x \cdot \frac{1}{4}$ ☐ $x : 4$ ☐ $\frac{x}{100} \cdot 25$ ☐ $100 - 0,75x$ ☐ $0,25x$ ☐ $4x$

3 a) Stelle einen möglichst einfachen Term für die Strecke y auf.

_____

_____

b) Stelle einen möglichst einfachen Term für den Umfang auf.

_____

_____

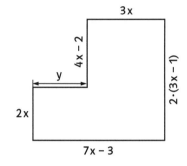

4 Löse die folgenden Gleichungen durch Rückwärtsrechnen. Löse möglichst im Kopf.

a) $2x + 4 = 18$ x = _____   b) $3x - 7 = -10$ x = _____   c) $0,9 - 0,2x = -0,1$ x = _____

d) $\frac{1}{3} + \frac{1}{2}x = \frac{1}{6}$ x = _____   e) $\frac{2}{5}x - \frac{1}{10} = \frac{1}{4}$ x = _____   f) $\frac{3}{4}x - 0,25 = 1$ x = _____

$\boxed{7}$ $\boxed{\frac{5}{3}}$ $\boxed{\frac{7}{8}}$ $\boxed{-\frac{1}{3}}$ $\boxed{-1}$ $\boxed{5}$

5 Vereinfache den Term durch Zusammenfassen und Ausmultiplizieren.

a) $4x - 2x + 6 - 3 =$ _____   b) $-5z + 3,5 - 7,5z + (-1,5) =$ _____

c) $3 \cdot z \cdot 4 + 8 =$ _____   d) $5x - 7x + 9x - 3 - 2x =$ _____

e) $4 \cdot (5x - 3) =$ _____   f) $-2 \cdot (-4 + 7z) - 2z =$ _____

g) $(3z + 7) \cdot (-2) =$ _____   h) $2 \cdot (-4m + 8) - 7(2 - 3m)$

i) $24 - 3x - (2x + 2) =$ _____   = _____

  = _____

6 Löse die Gleichung. Führe mit deinem Ergebnis eine Probe durch.

a) $3x + 7 = 10 - 2x$ b) $12 - \frac{1}{3}x = -3$ c) $7x - 3(5 + 2x) = 7$

_____   _____   _____

_____   _____   _____

_____   _____   _____

Probe: (1) _____   (1) _____   (1) _____

(2) _____   (2) _____   (2) _____

7 Verachtfacht man eine Zahl und subtrahiert davon zwölf, so erhält man das gleiche Ergebnis, wie wenn man die Zahl vervierfacht und acht addiert.

gesucht: _____

Rechnung: _____

_____

_____

_____

Antwort: _____

_____

1 Welche der Figuren besitzen Symmetrieachsen, welche besitzen ein Symmetriezentrum? Zeichne jeweils alle möglichen Symmetrieachsen und Symmetriezentren farbig ein.

a)  b)

f) 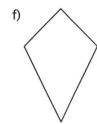 g)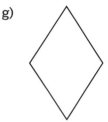

c)  d) 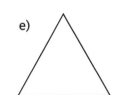 e)

2 Bestimme für die Figuren aus Aufgabe 1 den Flächeninhalt (A) und den Umfang (u). Miss alle dazu benötigten Längen millimetergenau. Trage die Ergebnisse in die Tabelle ein.

	a)	b)	c)	d)	e)	f)	g)
A							
u							

Kontrollergebnisse:

 7,5 cm   8 cm   9 cm   9 cm   9,5 cm   2,75 cm²   3 cm²

7,2 cm   7,6 cm   4,5 cm²   5 cm²   3 cm²   3 cm²   4 cm²

3 Berechne den Flächeninhalt und den Umfang der Vielecke. Notiere die Flächeninhalte der Teilflächen in der Figur.

a) u = _____

  A = _____

b) u = _____

  A = _____

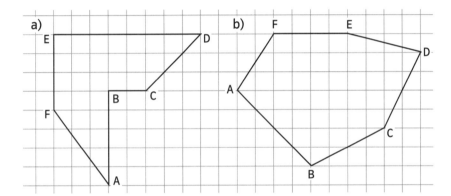

4 Wandle in die nächstgrößere Flächeneinheit um.

a) $200\,dm^2 =$ _____   b) $1500\,m^2 =$ _____   c) $40,3\,mm^2 =$ _____   d) $1,25\,a =$ _____

5 Wandle in die angegebene Flächeneinheit um.

a) $23,4\,dm^2 =$ _____ cm^2 b) $5,05\,ha =$ _____ a c) $3000\,a =$ _____ km^2 d) $1\,cm^2 =$ _____ mm^2

e) $10\,m^2 =$ _____ a f) $0,25\,dm^2 =$ _____ m^2 g) $1\,km^2 =$ _____ cm^2

6 Ergänze die fehlenden Angaben in der Tabelle.

	a)	b)	c)
Radius	5,5 cm		
Durchmesser		7,2 m	
Umfang			42 dm
Flächeninhalt			

7 Berechne Umfang und Flächeninhalt der Figur.

u = _____

A = _____

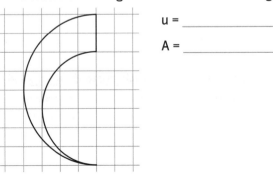

1 Schreibe in den angegebenen Volumeneinheiten.

a) 3 m³ 265 dm³ = _3 265 dm³_ = _3,265 m³_

b) 43 dm³ 81 cm³ = _____ cm³ = _____ dm³

c) 66 l 3 ml = _____ ml = _____ l

d) 5 hl 30 l = _____ l = _____ hl

2 a) Der Mensch atmet in einer Ruhephase ungefähr 0,5 Liter Luft ein und aus, das sind _____ cm³.

b) Eine Druckerpatrone für einen Tintenstrahldrucker enthält 42 ml Tinte, das sind _____ cm³.

c) Ein Tagesrucksack hat ein Volumen von 30 Litern, das sind _____ m³.

d) Der Porsche Carrera GT hat einen Hubraum von 5 733 cm³ = _____ Liter.

3 Vervollständige die Schrägbilder der Holzziffern und bestimme deren Volumen und Masse, wenn ein 1 cm³ Holz eine Masse von 0,45 g hat.

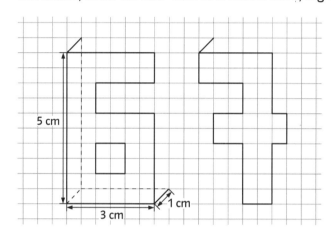

a) Volumen der „6" in cm³: _____

_____

b) Masse der „6" in g: _____

c) Volumen der „7" in cm³: _____

_____

d) Masse der „7" in g: _____

4 Vervollständige das Netz des Prismas und berechne seine Oberfläche: _____ cm².
Zeichne in das Netz auch den Buchstaben P (wie Prisma) an die richtige Stelle.

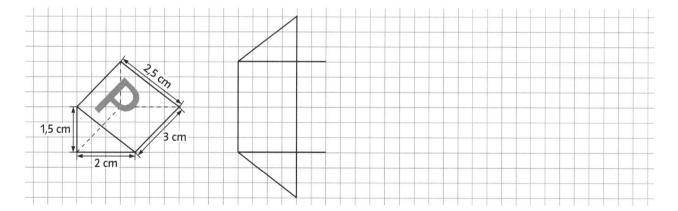

5 Von einem Kreiszylinder sind einige Werte gegeben. Berechne die fehlenden Werte.

	Radius r	Durchmesser d	Höhe h	Volumen V
a)	8 dm		9 dm	
b)		12 cm	7 cm	
c)	9 mm	18 mm		25 446,90 mm³

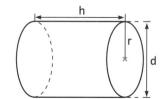

1 Von welchen Gleichungen ist das Zahlenpaar (3 | 4) eine Lösung? Kreuze an.

a) $2x - 1,5y = 0$ ☐

b) $y + 3x = -13$ ☐

c) $y - 4,5x = -9,5$ ☐

d) $0 = -x + 11 - 2y$ ☐

e) $3y - 16,2x = -4,2$ ☐

f) $4y - \frac{8}{3}x = 8$ ☐

g) $y + 0,7x = 6,1$ ☐

h) $y - 1,25x = 0,75$ ☐

i) Drei Gleichungen werden nicht von (3 | 4) gelöst. Ersetze in diesen die Zahl ohne Variable so, dass (3 | 4) nun eine Lösung ist.

_____

_____

_____

j) Zeichne zur Kontrolle die Graphen der drei von dir gefundenen Gleichungen linearer Zuordnungen aus Teilaufgabe i) in das Koordinatensystem.

2 Bestimme die fehlende Zahl so, dass sich eine Lösung von $y - 0,6x = 2$ ergibt. Wenn du die gefundenen Zahlen auf das Alphabet überträgst und richtig sortierst, ergibt sich ein

Lösungswort: __ __ __ __ __ __

$(\underline{\quad} | 2,6)$ ▨ $(5 | \underline{\quad})$ ▨ $\left(11\frac{2}{3} | \underline{\quad}\right)$ ▨ $(\underline{\quad} | 9,2)$ ▨ $(20 | \underline{\quad})$ ▨ $(\underline{\quad} | 12,8)$ ▨

3 Gib die Gleichung zu jedem Graphen an.

a) $y = -\frac{2}{3}x + 3$ _____

b) _____

c) _____

d) _____

e) _____

f) _____

4 a) Ein Bauer besitzt Hasen und Hühner, zusammen haben sie 22 Beine. Wie viele Hasen und wie viele Hühner könnten dem Bauer gehören? Stelle eine Gleichung mit zwei Variablen auf und gib alle möglichen ganzzahligen Lösungen an.

Gleichung: _____

Anzahl Hasen					
Anzahl Hühner					

b) Gegeben ist folgende Gleichung: $8y + 6x = 72$
Eine mögliche Textaufgabe zu dieser Gleichung

könnte die Anzahl der Beine von _____

und _____ betreffen.

Notiere die ganzzahligen Lösungen der Gleichung.

Anzahl			
Anzahl			

Lineare Gleichungssysteme (1)

1 Ordne die Zahlenpaare den linearen Gleichungssystemen als Lösung zu. Ein Zahlenpaar bleibt übrig.

| (1) $y = 2x - 3$ | (1) $3 - y = x$ | (1) $4{,}5x - 2y = 4$ | (1) $y - 1{,}5x = 2{,}5$ |
| (2) $y = -3x + 2$ | (2) $x - y = 5$ | (2) $7x + 4y = 24$ | (2) $-\frac{2}{3}x - 4 = y$ |

$(4|-1)$ $(2|2{,}5)$ $\left(\frac{3}{4}\middle|-\frac{5}{2}\right)$ $(1|-1)$ $(-3|-2)$

2 Bestimme mit verschiedenen Farben die Lösung. Mache mit den abgelesenen Koordinaten die Probe.

a) (1) $y = x + 8$ (2) $y = -2x - 1$ P($\underline{-3}$ | $\underline{5}$)

Probe: $\underline{5 = -3 + 8 \checkmark}$ $\underline{5 = -2 \cdot (-3) - 1 \checkmark}$

b) (1) $y = 2x + 3$ (2) $y = 0{,}5x + 6$ Q(____ | ____)

Probe: _____

c) (1) $y = -\frac{1}{3}x - 4$ (2) $y = -x + 2$ R(____ | ____)

Probe: _____

d) (1) $y = -x + 6{,}5$ (2) $y = \frac{2}{3}x - \frac{7}{2}$ S(____ | ____)

Probe: _____

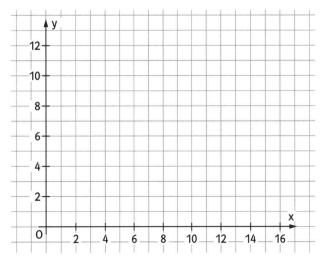

3 Suche unter den Gleichungen alle heraus, welche zusammen mit $y = 1{,}5x + 5$ den Punkt $(-6|-4)$ als Lösung haben. Richtig sortiert, ergeben die Buchstaben der gesuchten Gleichungen ein englisches

Lösungswort: __ __ __ __ __ .

a) $y + 1{,}5x = -13$ [N]   b) $y = \frac{1}{3}x - 1$ [E]

c) $-14 = 3x - y$ [P]   d) $y = \frac{1}{2}x + 7$ [U]

e) $1{,}4y = -0{,}7x - 9{,}8$ [T]   f) $\frac{3}{8}y = \frac{1}{4}x$ [I]

g) $y = -\frac{4}{5}x + \frac{4}{5}$ [K]   h) $0 = 2x + 8 - y$ [O]

4 Je zwei verbundene Gleichungen bilden ein Gleichungssystem. Notiere an den Verbindungslinien, ob das Gleichungssystem keine (k), eine (e) oder unendlich (u) viele gemeinsame Lösungen hat.

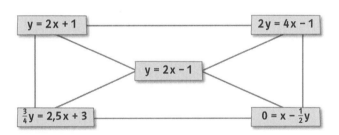

5 In der Nähe einer Polarstation leben 12 Tiere, Eistaucher und Eisbären. Zusammen haben sie 32 Beine. Wie viele Eistaucher und wie viele Eisbären leben bei der Polarstation?
x steht für die Anzahl der Eistaucher und y für die

_____ der _____ .

Somit ergeben sich folgende zwei Gleichungen eines linearen Gleichungssystems:

(1) _____ + _____ = 32 und (2) $x + y =$ _____

(1'): $y =$ _____ (2') $y =$ _____

Es leben dort ____ Eistaucher und ____ Eisbären.

1 Timo hat 13 LEGO-Steine (Sechser und Achter). Hintereinandergelegt bilden sie eine 88 Noppen lange Reihe. Wie viele Sechser- und Achter-Steine hat er?

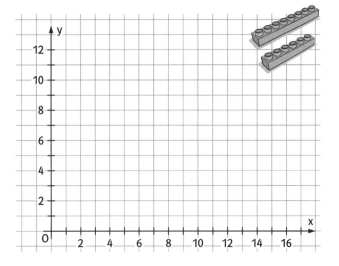

x steht für die _____ der Sechser und y für die Anzahl der Achter. Somit ergeben sich folgende Gleichungen eines linearen Gleichungssystems:

(1) $x + y =$ _____ und (2) _____ + _____ = 88

(1') $y =$ _____ (2') $y =$ _____

Löse das lineare Gleichungssystem durch das Einzeichnen der Graphen in das Koordinatensystem.

In Timos Kiste liegen _____ Sechser und _____ Achter.

2 Verändere jeweils eine der beiden Gleichungen des linearen Gleichungssystems an einer Stelle so, dass es

a) unendlich viele Lösungen gibt.
(1) $y = 3x + 4$
(2) $y = 3x - 2$

b) keine Lösung gibt.
(1) $y = -4x - 3$
(2) $y = 2x + 3$

c) genau eine Lösung gibt.
(1) $1,5y = 7,5x + 4,5$
(2) $0,5y = 2,5x + 1,5$

3 Die Leihgebühr für ein Tretboot beträgt 8,00 €. Pro halbe Stunde muss man zusätzlich noch 6,00 € zahlen. Bei einem anderen Anbieter muss man pro Boot eine Grundgebühr von 2,00 € und pro Stunde 15,00 € zahlen.

a) Notiere die Gleichung, mit der man den Endpreis

berechnen kann: (1) $y =$ _____

(2) $y =$ _____

b) Zeichne alle Zahlenpaare (Leihdauer/Preis) in das Koordinatensystem ein.

c) Bei einer Leihdauer von _____ Stunden beträgt

der Gesamtpreis bei beiden Angeboten _____ €.

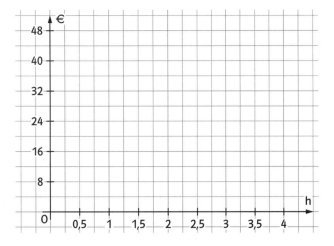

4 Zeige durch das Einzeichnen der Funktionsgraphen in das Koordinatensystem, welche der vier linearen Gleichungen gemeinsam genau eine (e), keine (k) bzw. unendlich (u) viele Lösungen haben.

(1) $y = 1,5x - 2$ (2) $y - x = 0$
(3) $2y - 3x = 6$ (4) $3,75x = 2,5y - 7,5$

(1) mit (2) _____   (1) mit (3) _____

(1) mit (4) _____   (2) mit (3) _____

(2) mit (4) _____   (3) mit (4) _____

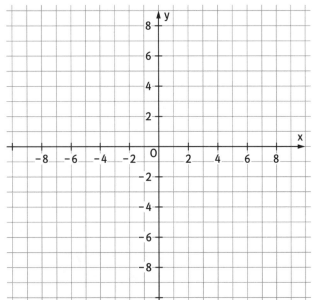

Lösen durch Gleichsetzen

1 Finde die Fehler und korrigiere sie mit anschließender Probe (P).

a) (1) $y = 4x + 2$

   (2) $y = 9x - 3$

Korrektur:

Gleichsetzen:

$4x + 2 = 9x - 3 \quad | -9x$ _____

$-5x + 2 = -3 \quad | -2$ _____

$-5x = -5 \quad | : 5$ _____

$x = -1$ _____

Einsetzen von x in (1):

$y = 4 \cdot (-1) + 2$ _____

$y = -4 + 2$ _____

$y = 2$ _____

Probe: $2 = 9 \cdot (-1) - 3$ _____

$2 = -9 - 3$ _____

$2 = -12$ f _____

b) (1) $x = -2y + 14$

   (2) $x = 3y + 39$

Korrektur:

Gleichsetzen:

$-2y + 14 = 3y + 39 \quad | -14$ _____

$-2y = 3y + 25 \quad | -3y$ _____

$-5y = 25 \quad | : (-5)$ _____

$y = -5$ _____

Einsetzen von y in (1):

$x = 2(-5) + 15$ _____

$x = -10 + 15$ _____

$x = 5$ _____

Probe: $5 = 3(-5) + 39$ _____

$5 = -15 + 39$ _____

$5 = 25$ f _____

2 Hier sind die Lösungsschritte samt Probe der beiden linearen Gleichungssysteme durcheinandergeraten. Markiere zusammengehörende Kärtchen in einer Farbe und nummeriere die Abfolge der Lösungsschritte.

a) (1) $3x + y = 8$

   (2) $y = 2x - 12$

____ (1') $y = 8 - 3x$

____ $0,6x + 1,52 = 4,4 \quad | -1,52$

____ $5y = 3,8 \quad | : 5$

____ $-4 = -4$

____ $x = 4$

____ P mit (2) $0,6 \cdot 4,8 = 3 \cdot 0,76 + 0,6$

____ $y = -4$

b) (1) $0,6x + 2y = 4,4$

   (2) $0,6x = 3y + 0,6$

____ (1) − (2') $3y + 0,6 + 2y = 4,4$

____ $0,6x = 2,88 \quad | : 0,6$

____ P mit (2) $-4 = 2 \cdot 4 - 12$

____ (2') $0,6x - 3y - 0,6 = 0$

____ $y = 0,76$

____ (1') = (2) $8 - 3x = 2x - 12 \quad | +12 \quad | +3x$

____ (1) $3 \cdot 4 + y = 8$

____ $x = 4,8$

____ $12 + y = 8 \quad | -12$

____ $2,88 = 2,88$

____ $5y + 0,6 = 4,4 \quad | -0,6$

____ (1) $0,6x + 2 \cdot 0,76 = 4,4$

____ $-4 = 8 - 12$

____ $5x = 20 \quad | : 5$

3 Stelle die linearen Gleichungen von (1) und (2) auf, berechne den Schnittpunkt der beiden Graphen und mache die Probe.

(1) $y =$ _____

(2) $y =$ _____

Gleichsetzen: _____

_____

_____

_____

Einsetzen von x: _____

_____

_____

Probe mit (2): _____

_____

_____

_____

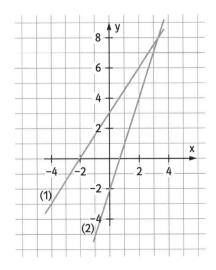

1 Löse das lineare Gleichungssystem mit dem Additionsverfahren.

a) (1): $4x + 2y = 28$
  (2): $3x - 2y = 14$

(1) + (2): _____

        $x =$ _____

Setze x in (1) ein:

(1): $4 \cdot$ _____ $+ 2y = 28$

    _____ $+ 2y = 28$

          $2y =$ _____

          $y =$ _____

Probe mit Gleichung (2):

(2): $3 \cdot$ _____ $- 2 \cdot$ _____ $= 14$

    _____ $-$ _____ $= 14$

    _____ $= 14$

b) (1): $6x + 4y = 38$
  (2): $2x + 2y = 8$

(1): _____

(2): _____

(1) + (2): _____

    _____ $=$ _____

Setze _____ in (1) ein:

(1): $6 \cdot$ _____ $+ 4 \cdot$ _____ $= 38$

    _____ $= 38$

    _____ $=$ _____

    _____ $=$ _____

Probe mit Gleichung (2):

(2): $2 \cdot$ _____ $+ 2 \cdot$ _____ $= 8$

    _____ $= 8$

    _____ $= 8$

2 Bestimme die fehlende Gleichung.

a) (1): _____
  (2): $3x - 4y = 19$
  (1)+(2): $8x = 42$

b) (1): $7y - 3x = -15$
  (2): _____
  (1)+(2): $-7x = 16$

c) (1): _____
  (2): $18 = 2x - 3y$
  (1)+(2): $-5 = y$

3 Wilhelm soll am Kiosk für seine Familie und die Verwandten, die schon seit drei Tagen zu Besuch sind, Eis holen. Ein Milchfinger kostet 1,20 € und eine Erdbeerhand 1,50 €. Das Geld hat er abgezählt mitbekommen, genau 18 €. Auf dem Weg zum Kiosk sagt sich Wilhelm ständig vor, wie viel von welchem Eis er holen soll, dabei vertauscht er leider irgendwann die Eissorten. Beim Bezahlen bekommt er 0,90 € zurück. Stelle das lineare Gleichungssystem auf und löse mit dem Additionsverfahren.

Die Variable x steht für die Anzahl der _____ und die

Variable y für die Anzahl der _____ .

                                 Zweite Variable:

(1): _____   _____

(2): _____   _____

umgeformt: _____

(1'): _____   _____ $=$ _____

(2'): _____   Probe: _____

(1')+(2'): _____   _____

    _____ $=$ _____   _____

Eigentlich soll Wilhelm _____ Milchfinger und _____ Erdbeerhände holen.

4 Das abgebildete Parallelogramm und das große Dreieck sind aus gleich großen gleichschenkligen Dreiecken zusammengefügt worden.
a) Markiere in den Figuren gleich lange Seiten mit gleichen Farben.
b) Stelle für beide Figuren die Gleichungen auf, um ein Gleichungssystem zu erhalten.

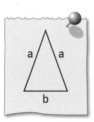

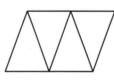

Umfang Parallelogramm: 46 cm

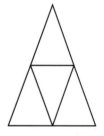

Umfang Dreieck: 50 cm

(1) _____ a + _____ b = _____ (Parallelogramm)

(2) _____ a + _____ b = _____ (großes Dreieck)

c) Berechne im Heft die Seitenlängen des gleichschenkligen Dreiecks.

Schenkellänge: _____ cm   Basislänge: _____ cm

1 Löse das lineare Gleichungssystem mit dem Gleichsetzungsverfahren.

a) (1) $7x = -y + 15$
   (2) $7x = 3y + 39$

b) (1) $3x + y = 5$
   (2) $y = 2x - 17$

L = {(_____ ; _____)}   L = {(_____ ; _____)}

2 Löse das lineare Gleichungssystem mit dem Additionsverfahren.

a) (1) $6x = -2,5y + 27$
   (2) $12x = 4y + 120$

b) (1) $16x + 30y = 26$
   (2) $y = -1,4x - 2,6$

L = {(_____ ; _____)}   L = {(_____ ; _____)}

3 Löse das lineare Gleichungssystem.

a) (1) $20x = 4y + 24$
   (2) $5x = 2y - 12$

L = {(_____ ; _____)}

b) (1) $8x - 7y = 31$
   (2) $4y = 44 - 16x$

L = {(_____ ; _____)}

4 Bei der Planung des diesjährigen Sommerurlaubs wird auf die Erfahrungen des letzten Jahres zurückgegriffen. Im letzten Jahr hat das Auto mit Wohnanhänger pro 100 km 11,5 l Diesel verbraucht, ohne Anhänger verbraucht das Auto 7,5 l.
Die All-inclusive-Übernachtung auf dem Campingplatz kostet für die ganze Familie 48,00 € pro Nacht, ein Ferienhaus im selben Ort kann komplett für 55,00 € pro Nacht gemietet werden.
Der Urlaubsort liegt 500 km entfernt und ein Liter Diesel kostet durchschnittlich 1,40 €.
Die Variable y steht für die Kosten (Sprit und Unterbringung) in Abhängigkeit von der Verweildauer.

(1) y = _____   (2) y = _____

Löse zeichnerisch und überprüfe durch Rechnung. Bei welcher Verweildauer sollte man sich für welche Unterkunft entscheiden?

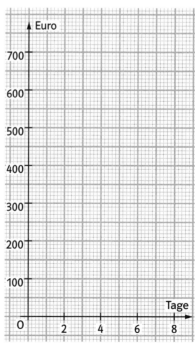

1 Aufgabe: Eine Glühlampe kostet 1,00 € und benötigt pro 100 Stunden 6 kWh Energie. Eine Energiesparlampe kostet 12,00 € und benötigt pro 100 Stunden 1 kWh. Die Lebensdauer der Energiesparlampe ist 8-mal so hoch wie die der normalen Glühlampe. Ab welcher Betriebszeit lohnt sich finanziell der Einsatz der Energiesparlampe, wenn man pro kWh 20 ct bezahlen muss?

Die Aufgabe wurde in vier Schritten gelöst. Finde in den vier Kästen jeweils die für die Lösung wichtigen Informationen heraus. Markiere sie. Wenn du die Zahlen neben diesen Aussagen addierst, erhältst du 340.

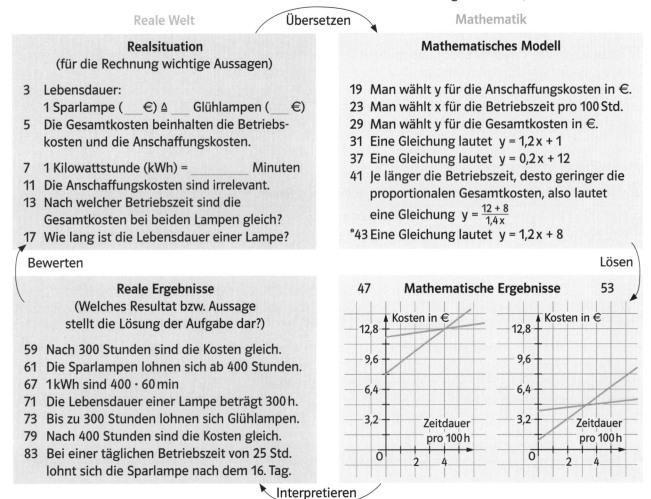

Reale Welt Übersetzen Mathematik

Realsituation
(für die Rechnung wichtige Aussagen)

3 Lebensdauer:
   1 Sparlampe (___€) ≙ ___ Glühlampen (___€)
5 Die Gesamtkosten beinhalten die Betriebskosten und die Anschaffungskosten.
7 1 Kilowattstunde (kWh) = _____ Minuten
11 Die Anschaffungskosten sind irrelevant.
13 Nach welcher Betriebszeit sind die Gesamtkosten bei beiden Lampen gleich?
17 Wie lang ist die Lebensdauer einer Lampe?

Mathematisches Modell

19 Man wählt y für die Anschaffungskosten in €.
23 Man wählt x für die Betriebszeit pro 100 Std.
29 Man wählt y für die Gesamtkosten in €.
31 Eine Gleichung lautet $y = 1,2x + 1$
37 Eine Gleichung lautet $y = 0,2x + 12$
41 Je länger die Betriebszeit, desto geringer die proportionalen Gesamtkosten, also lautet eine Gleichung $y = \frac{12 + 8}{1,4x}$
*43 Eine Gleichung lautet $y = 1,2x + 8$

Bewerten Lösen

Reale Ergebnisse
(Welches Resultat bzw. Aussage stellt die Lösung der Aufgabe dar?)

59 Nach 300 Stunden sind die Kosten gleich.
61 Die Sparlampen lohnen sich ab 400 Stunden.
67 1 kWh sind $400 \cdot 60$ min
71 Die Lebensdauer einer Lampe beträgt 300 h.
73 Bis zu 300 Stunden lohnen sich Glühlampen.
79 Nach 400 Stunden sind die Kosten gleich.
83 Bei einer täglichen Betriebszeit von 25 Std. lohnt sich die Sparlampe nach dem 16. Tag.

47 **Mathematische Ergebnisse** 53

Interpretieren

2 Ordne die Karten von A bis I in richtiger Reihenfolge den Aufgaben a) und b) zu. Zwei Karten bleiben übrig.

a) Die Stadtwerke Norden bietet zwei Gastarife an. Zum ersten einen Tarif mit einem Arbeitspreis von 8 ct je kWh und einem Grundpreis von 71,00 €, sowie einen zweiten Tarif mit einem Grundpreis von 157,00 € und einem Arbeitspreis von 7 ct je kWh.

b) Die Stadtwerke Norden bietet zwei Stromtarife an. Zum ersten einen Tarif mit einem Arbeitspreis von 36 ct je kWh und einem Grundpreis von 36,00 €, sowie einen zweiten Tarif mit einem Grundpreis von 54,00 € und einem Arbeitspreis von 20 ct je kWh.

Reihenfolge: _____

Reihenfolge: _____

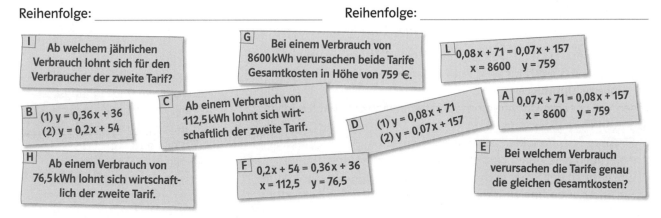

I Ab welchem jährlichen Verbrauch lohnt sich für den Verbraucher der zweite Tarif?

G Bei einem Verbrauch von 8600 kWh verursachen beide Tarife Gesamtkosten in Höhe von 759 €.

L $0,08x + 71 = 0,07x + 157$
   $x = 8600$ $y = 759$

B (1) $y = 0,36x + 36$
   (2) $y = 0,2x + 54$

C Ab einem Verbrauch von 112,5 kWh lohnt sich wirtschaftlich der zweite Tarif.

D (1) $y = 0,08x + 71$
   (2) $y = 0,07x + 157$

A $0,07x + 71 = 0,08x + 157$
   $x = 8600$ $y = 759$

H Ab einem Verbrauch von 76,5 kWh lohnt sich wirtschaftlich der zweite Tarif.

F $0,2x + 54 = 0,36x + 36$
   $x = 112,5$ $y = 76,5$

E Bei welchem Verbrauch verursachen die Tarife genau die gleichen Gesamtkosten?

Lineare Gleichungssysteme | Merkzettel

Fülle die Lücken. Für jeden Buchstaben findest du einen Strich. Löse dann die Beispielaufgaben.

■ Lineare Gleichungssysteme

Bei der gleichzeitigen Betrachtung von zwei linearen Gleichungen mit zwei Variablen spricht man auch von einem linearen Gleichungssystem. Ein Zahlenpaar, das beide Gleichungen löst, nennt man Lösung des linearen Gleichungssystems.

■ Unterstreiche die Lösung des linearen Gleichungssystems.
(1) $y = 2x - 3$ (2) $y = -0,5x + 4,5$
$A(-3|3)$ $B(5|2)$ $C(2|3,5)$
$D(2|1)$ $E(-9|9)$ $F(3|3)$

■ Grafisches Lösen linearer Gleichungssysteme

Um die Geraden eines linearen Gleichungssystems mit zwei Variablen in ein Koordinatensystem einzeichnen zu können, müssen die beiden Gleichungen nach y aufgelöst sein. Die Koordinaten des Schnitt-

punkts der beiden _ _ _ _ _ _ _ _ stellen die Lösung des Gleichungssystems dar.

■ Löse grafisch:
(1) $y = 0,5x + 0,5$
(2) $y = -\frac{3}{4}x + 3$
$L = \{(\underline{\quad} ; \underline{\quad})\}$

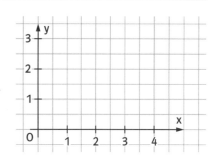

■ Lösen linearer Gleichungssysteme

Zum Lösen linearer Gleichungssysteme mit zwei Variablen kann man

• das _ _ _ _ _ _ _ _ _ _ Lösungsverfahren,

• das _ _ _ _ _ _ _ _ _ _ _ verfahren,

• das _ _ _ _ _ _ _ _ _ _ _ _ _ _ verfahren oder

• das _ _ _ _ _ _ _ _ _ verfahren verwenden.

Ziel aller drei rechnerischen Lösungsverfahren ist es, eine neue Gleichung hervorzubringen, die nur noch eine der beiden Variablen beherbergt und so lösbar ist.
Die grafische Veranschaulichung der Lösung eines linearen Gleichungs-

systems ergibt bei keiner Lösung zwei _ _ _ _ _ _ _ _ _ Geraden,

bei genau einer Lösung zwei sich _ _ _ _ _ _ _ _ _ _ Geraden und

bei unendlich vielen Lösungen zwei _ _ _ _ _ _ _ _ _ Geraden.

■ Mache jeweils die ersten Schritte zum Lösen des LGS:
(1) $y = 2x - 1$ (2) $2y + x = 8$
Einsetzen über y:

(1) in (2): $2 \cdot (\underline{\hspace{3cm}}) + x = 8$
Addition über y:
$$y - 2x = -1 \mid \cdot (-2)$$

$$\underline{\hspace{2.5cm}} = \underline{\hspace{1.5cm}}$$
$$\underline{2y + x = 8}$$

(1) + (2): $0y \underline{\hspace{2cm}} = \underline{\hspace{1.5cm}}$

Für x ergibt sich jeweils $x = \underline{\quad}$.
x eingesetzt in (1) ergibt den y-Wert.

$y = 2 \cdot \underline{\quad} - 1$ $y = \underline{\quad}$

■ Lineare Ungleichungssysteme

Beim grafischen Lösen von linearen Ungleichungssystemen lässt sich die Lösung darstellen als die gemeinsamen Punkte von zwei

_ _ _ _ _ _ _ _ _ _ _ . Hierzu löst man zuerst das zugehörige lineare Gleichungssystem und markiert anschließend den der Lösung des linearen Ungleichungssystems entsprechenden Bereich.
■ Schraffiere in dem Koordinatensystem den Lösungsbereich des linearen Ungleichungssystems (1) $y < 2x - 1$ (2) $y < -0,5x + 4$ farbig.

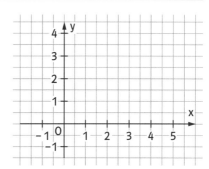

■ Vervollständige im Koordinatensystem das Planungsvieleck mit der Ungleichung $y > 0,5x$. Der Gewinn G mit $G = 4y + x$ soll maximiert werden. Der Maximalgewinn liegt bei

■ Lineares Optimieren

Lösen von linearen Optimierungsaufgaben mit zwei Variablen in vier Schritten:
1. Einführen der Variablen und Formulieren einer _ _ _ _ funktion
2. Anfertigen eines Planungsgebietes aus linearem Ungleichungssystem
3. Einzeichnen der Schar von Zielgeraden und Finden des Optimums
4. Ablesen der optimalen Zielpunkte und Berechnen des Zielwerts

$4 \cdot \underline{\quad} € + \underline{\quad} € = \underline{\quad} €.$

Quadratwurzeln

1 Bestimme die Quadratwurzeln.

a) $\sqrt{25}$ = _____

b) $\sqrt{81}$ = _____

c) $\sqrt{324}$ = _____

d) $\sqrt{576}$ = _____

e) $\sqrt{400}$ = _____

f) $\sqrt{2500}$ = _____

g) $\sqrt{10\,000}$ = _____

h) $\sqrt{160\,000}$ = _____

2 Bestimme die Quadratwurzeln.

a) $\sqrt{1{,}21}$ = _____

b) $\sqrt{0{,}64}$ = _____

c) $\sqrt{0{,}0025}$ = _____

d) $\sqrt{0{,}0169}$ = _____

e) $\sqrt{\frac{9}{16}}$ = _____

f) $\sqrt{\frac{64}{121}}$ = _____

g) $\sqrt{\frac{289}{144}}$ = _____

h) $\sqrt{\frac{529}{729}}$ = _____

3 Gib die Näherungswerte auf die in Klammern vorgegebenen Dezimalen an. [T1]

a) $\sqrt{793}$ ≈ _____ (h)

b) $\sqrt{145{,}4}$ ≈ _____ (zt)

c) $\sqrt{0{,}94}$ ≈ _____ (t)

d) $\sqrt{0{,}0068}$ ≈ _____ (z)

e) $\sqrt{\frac{1}{6}}$ ≈ _____ (t)

f) $\sqrt{\frac{3}{38}}$ ≈ _____ (zt)

4 Bei Brüchen ist es oft geschickt, wenn man den Bruch zuerst erweitert oder kürzt, um dann die Wurzel ziehen zu können. Verfahre, wie im Beispiel beschrieben.

a) $\sqrt{\frac{80}{125}}$

b) $\sqrt{\frac{98}{50}}$

c) $\sqrt{\frac{363}{75}}$

d) $\sqrt{\frac{845}{125}}$

erweitern mit | $\frac{80}{\_\_}$ $\sqrt{\frac{6400}{10\,000}}$ | ___ $\sqrt{\frac{\quad}{\quad}}$ | ___ $\sqrt{\frac{\quad}{\quad}}$ | ___ $\sqrt{\frac{\quad}{\quad}}$

oder kürzen mit | $\frac{5}{\_\_}$ $\sqrt{\frac{16}{25}}$ | ___ $\sqrt{\frac{\quad}{\quad}}$ | ___ $\sqrt{\frac{\quad}{\quad}}$ | ___ $\sqrt{\frac{\quad}{\quad}}$

Ergebnis | $= \frac{4}{5}$ | = ___ | = ___ | = ___

5 Es gibt noch zwei Spezialfälle von Brüchen, die zu einfachen Berechnungen führen.
(1) Forme die gemischten Brüche zunächst in reine Brüche um. Ziehe dann die Wurzel. [T2]
(2) Forme die periodischen Dezimalbrüche zunächst in reine Brüche um. Ziehe dann die Wurzel. [T3]

a) $\sqrt{5\frac{1}{16}}$ = _____

b) $\sqrt{0{,}\overline{4}}$ = _____

c) $\sqrt{4\frac{41}{100}}$ = _____

d) $\sqrt{7{,}\overline{1}}$ = _____

e) $\sqrt{2\frac{7}{81}}$ = _____

f) $\sqrt{2{,}\overline{7}}$ = _____

6 a) Berechne den Flächeninhalt A_3 auf zwei Dezimalstellen genau.

$A_1 = 7\,\text{cm}^2$ $A_2 = 64\,\text{cm}^2$ $A_3 =$ _____ cm^2

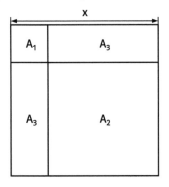

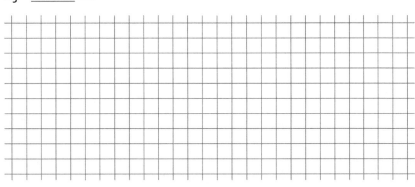

b) Bestimme die Kantenlänge x (_____ cm) und den Flächeninhalt des zusammengesetzten Quadrats (_____ cm^2).

Multiplikation und Division

1 Berechne die Produkte ohne Taschenrechner.

a) $\sqrt{4 \cdot 64} = $ _____

b) $\sqrt{121 \cdot 81} = $ _____

c) $\sqrt{225 \cdot 196} = $ _____

d) $\sqrt{625 \cdot 400} = $ _____

e) $\sqrt{4 \cdot 0{,}04} = $ _____

f) $\sqrt{1{,}21 \cdot 6{,}25} = $ _____

g) $\sqrt{0{,}0225 \cdot 0{,}0196} = $ _____

2 Fülle die Lücke aus. Benutze den Taschenrechner.

a) $\sqrt{3} \cdot \sqrt{\boxed{}} = 15$

b) $\sqrt{2} \cdot \sqrt{\boxed{}} = 4$

c) $\sqrt{\boxed{}} \cdot \sqrt{32} = 8$

d) $\sqrt{6} \cdot \sqrt{\boxed{}} = 30$

e) $\sqrt{1{,}8} \cdot \sqrt{\boxed{}} = 0{,}6$

f) $\sqrt{\boxed{}} \cdot \sqrt{6{,}3} = 2{,}1$

g) $\sqrt{\boxed{}} \cdot \sqrt{0{,}025} = 0{,}2$

3 Welche Ergebnisse können auch ohne Wurzelzeichen exakt aufgeschrieben werden? Vereinfache und kreuze dann an.

a) $\sqrt{2} \cdot \sqrt{2} = \sqrt{4} = 2$ ☒

$\sqrt{2} \cdot \sqrt{20} = \sqrt{40} = 2\sqrt{10}$ ⊟

$\sqrt{2} \cdot \sqrt{200} = $ _____ ☐

$\sqrt{2} \cdot \sqrt{2000} = $ _____ ☐

$\sqrt{2} \cdot \sqrt{20\,000} = $ _____ ☐

b) $\sqrt{8} : \sqrt{2} = $ _____ ☐

$\sqrt{80} : \sqrt{2} = $ _____ ☐

$\sqrt{800} : \sqrt{2} = $ _____ ☐

$\sqrt{8000} : \sqrt{2} = $ _____ ☐

$\sqrt{80\,000} : \sqrt{2} = $ _____ ☐

c) $\sqrt{0{,}5} \cdot \sqrt{0{,}5} = $ _____ ☐

$\sqrt{0{,}5} \cdot \sqrt{0{,}05} = $ _____ ☐

$\sqrt{0{,}5} \cdot \sqrt{0{,}005} = $ _____ ☐

$\sqrt{0{,}5} \cdot \sqrt{0{,}0005} = $ _____ ☐

$\sqrt{0{,}5} \cdot \sqrt{0{,}000\,05} = $ _____ ☐

4 Fülle die Tabelle aus. Vereinfache so weit wie möglich.

a)

$\cdot$	$\sqrt{9} = 3$	$\sqrt{12x}$	$\sqrt{2y}$	$\sqrt{3b^2}$
$\sqrt{x}$				
$\sqrt{3y}$				
$\sqrt{2x}$				

b)

$\frac{}{}$	$\sqrt{9} = 3$	$\sqrt{12x}$	$\sqrt{2y}$	$\sqrt{3b^2}$
$\sqrt{x}$	$\frac{\sqrt{x}}{3}$			
$\sqrt{3y}$				
$\sqrt{2x}$				

5 Man kann einige Wurzeln auch als Vielfache einer anderen Wurzel angeben: So ist zum Beispiel $\sqrt{500}$ eine irrationale Zahl, deren Radikanden man zerlegen kann in $\underline{5 \cdot 100}$. Also ist $\sqrt{500} = \sqrt{\boxed{}} \cdot \sqrt{\boxed{}} = \boxed{} \cdot \sqrt{5}$, das ist das ____-Fache von $\sqrt{5}$. $\sqrt{\boxed{}}$ ist zehnmal so groß wie $\sqrt{3}$. $\sqrt{\boxed{}}$ ist fünfmal so groß wie $\sqrt{3}$ und $\sqrt{\boxed{}}$ ist dreimal so groß wie $\sqrt{3}$.

6 Welcher Term ist definiert? Falls er definiert ist, so berechne ihn, andernfalls streiche ihn.

a) $\sqrt{-4} \cdot \sqrt{-2} = $ _____

b) $\sqrt{(-4) \cdot (-2)} = $ _____

c) $\sqrt{(-5)^2 \cdot 144} = $ _____

d) $\sqrt{-5^2 \cdot 144} = $ _____

7 Vereinfache die Wurzelterme.

a) $\sqrt{\dfrac{121q^2}{225v^2}} = $ _____

b) $\sqrt{0{,}125z} : \sqrt{0{,}02z^3} = $ _____

c) $\sqrt{p} \cdot \sqrt{p^5} = $ _____

1 Das abgebildete Quadrat ist zerlegt in ein kleines Quadrat mit dem Flächeninhalt a und ein größeres Quadrat mit dem Flächeninhalt b sowie zwei Rechtecke.

Für das gesamte Quadrat ergibt sich die Seitenlänge $\underline{\sqrt{a} + \sqrt{b}}$.

Somit hat das gesamte Quadrat den Flächeninhalt $(\sqrt{a} + \sqrt{b})^2$.

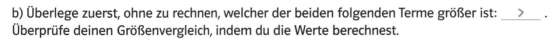

a) Dieser Flächeninhalt ist immer größer als _____

der beiden Quadrate a und b.

Eine weitere Erklärung liefert die binomische Formel:

$(\sqrt{a} + \sqrt{b})^2 =$ _____ = _____

Wenn man unkonzentriert schreibt: $(\sqrt{a} + \sqrt{b})^2 = \sqrt{a + b}^2 = a + b$, so ist das falsch!
Das Ergebnis ist hier um den Summanden _____ zu klein.

b) Überlege zuerst, ohne zu rechnen, welcher der beiden folgenden Terme größer ist: $\underline{\quad > \quad}$.
Überprüfe deinen Größenvergleich, indem du die Werte berechnest.

(i) $\sqrt{1{,}21} + \sqrt{0{,}25} =$ _____ (ii) $\sqrt{1{,}21 + 0{,}25} =$ _____

Gilt immer, dass $(\sqrt{a} + \sqrt{b}) > \sqrt{a + b}$ ist? Findest du Einschränkungen?
Überprüfe die Aussage an einigen Beispielen.

_____

_____

_____

2 Fasse so weit wie möglich zusammen.

a) $4\sqrt{3} + 2\sqrt{7} - 3\sqrt{3} + 5\sqrt{7} =$ _____ b) $3\sqrt{3}(\sqrt{48} - \sqrt{3}) =$ _____

c) $\sqrt{3}(5\sqrt{12} - (4\sqrt{8} + 4 - \sqrt{6} \cdot 2\sqrt{2})) =$ _____

3 Vereinfache.

a) $x \cdot \sqrt{5} - 5 \cdot \sqrt{x} + 3x \cdot \sqrt{5} - 7 \cdot \sqrt{x} =$ _____ b) $(5 \cdot \sqrt{55} + 7 \cdot \sqrt{77}) : \sqrt{11} =$ _____

c) $a\sqrt{b} - 4a\sqrt{b} + b\sqrt{a} - 2a\sqrt{b} =$ _____ d) $(3\sqrt{75} - \sqrt{30}) : (-\sqrt{3}) =$ _____

4 Vereinfache so weit wie möglich.

a) $(\sqrt{4a} - \sqrt{5b})^2 =$ _____

b) $(\sqrt{s} - \sqrt{t})(\sqrt{3s} + \sqrt{3t}) =$ _____

c) $4\sqrt{x^2 y} - 2x\sqrt{y} =$ _____

5 Finde die Fehler in den Umformungen und markiere sie. Schreibe die korrekten Schritte darunter.

a) $(\sqrt{a} + \sqrt{b}) - (\sqrt{a} - \sqrt{b}) \cdot 2 + 3\sqrt{a}\sqrt{b} = \sqrt{b} - 2\sqrt{b} + 3\sqrt{a}\sqrt{b} = -\sqrt{b} + 2\sqrt{a}$

_____

b) $4(\sqrt{3} + 6\sqrt{7}) + 3(\sqrt{3} - 15\sqrt{7}) = 12\sqrt{3} + 32\sqrt{7} + 15\sqrt{3} - 15\sqrt{7} = 27\sqrt{3} + 17\sqrt{7}$

_____

c) $\sqrt{5}(\sqrt{45} + 2) - \sqrt{65}(\sqrt{13} - 13\sqrt{5}) = \sqrt{5}\sqrt{45} + 10 - \sqrt{65}\sqrt{13} - 13\sqrt{5}\sqrt{65} = 15 + 10 - 13\sqrt{5} - 13 \cdot 5\sqrt{13} =$
$25 - 13 \cdot (\sqrt{5} - 5\sqrt{13})$

_____

1 Gegeben sind die Rauminhalte mehrerer Würfel. Welche dieser Würfel haben eine Kantenlänge x, die als Dezimalbruch nicht exakt anzugeben ist?

a) $V = 125\,m^3$ $125 = 5 \cdot 5 \cdot 5 = 5^3$; $x = \sqrt[3]{125} = $ _____ m

b) $V = 0,027\,dm^3$ _____

c) $V = 100\,ml$ _____

d) $V = 3375\,mm^3$ _____

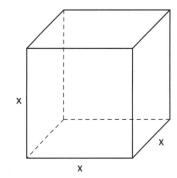

Würfel mit irrationaler Kantenlänge x: _____

2 Schätze den Näherungswert für die Kubikwurzel wie im Beispiel. Berechne anschließend zur Probe mit dem Taschenrechner den Wert und runde auf zwei Stellen nach dem Komma.

Beispiel: $\sqrt[3]{23}$

$\sqrt[3]{8} < \sqrt[3]{23} < \sqrt[3]{27}$

$\sqrt[3]{2^3} < \sqrt[3]{23} < \sqrt[3]{3^3}$

$2 < \sqrt[3]{23} < 3$

a) $\sqrt[3]{90}$

____ $< \sqrt[3]{90} <$ ____

____ $< \sqrt[3]{90} <$ ____

____ $< \sqrt[3]{90} <$ ____

b) $\sqrt[3]{270}$

____ $<$ ____ $<$ ____

____ $<$ ____ $<$ ____

____ $<$ ____ $<$ ____

c) $\sqrt[3]{444}$

____ $<$ ____ $<$ ____

____ $<$ ____ $<$ ____

____ $<$ ____ $<$ ____

3 Fülle die Tabelle aus.

a)

x	5			4	
x^3	125	216	1		343
$\sqrt[3]{x}$	1,71		2		

b)

x	5			1024	·
x^5	125	32	1,61051	1	343
$\sqrt[5]{x}$	1,71				

4 Bei n-ten Wurzeln kann man analog zu den Quadratwurzeln teilweise Wurzelziehen.

Beispiel: $\sqrt[3]{16} = \sqrt[3]{2^4} = \sqrt[3]{2 \cdot 2^3} = \sqrt[3]{2^3} \cdot \sqrt[3]{2} = 2 \cdot \sqrt[3]{2}$

a) $\sqrt[3]{1296} = $ _____

b) $\sqrt[3]{100\,000} = $ _____

c) $\sqrt[3]{0,0625} = $ _____

d) $\sqrt[3]{27x^5} = $ _____

e) $\sqrt[4]{4802} = $ _____

f) $\sqrt[7]{256} = $ _____

g) $\sqrt[11]{6144} = $ _____

5 a) Für das Kantenmodell eines Würfels, der ein Volumen von 7 l hat, werden _____ m Draht benötigt.

b) Wie groß ist die Kantenlänge für einen Würfel mit 35 l Volumen? _____

c) Mit welcher Zahl muss die Kantenlänge des 7-l-Würfels multipliziert werden, damit man die Grundseite eines 35-l-Würfels erhält? _____

6 Erno Rubik erfand den Zauberwürfel Rubik's Cube vor über 30 Jahren. Seitdem sind weit über hundert Millionen dieser Würfel in allen Größen verkauft worden.

Es gibt etwa $4,3 \cdot 10^{19}$ verschiedene Stellungen der _____ Würfelteile. Der Originalwürfel hat ein Volumen von 190,11 cm³. Die Teilwürfel besitzen eine

Kantenlänge von _____ .

Fülle die Lücken. Für jeden Buchstaben findest du einen Strich. Löse dann die Beispielaufgaben.

■ Wurzeln

Unter der Schreibweise $\sqrt{a}$ versteht man diejenige positive reelle Zahl x, deren Quadrat a ergibt, also $x^2 = a$. Da das Quadrat einer Zahl niemals negativ ist,

darf auch a nicht _ _ _ _ _ _ _ sein.
Die n-te Wurzel $\sqrt[n]{a}$ ist diejenige positive Zahl x, für die gilt: $x^n = a$.
Die dritte Wurzel aus einer Zahl nennt man Kubikwurzel.

Viele Wurzeln sind _ _ _ _ _ _ _ _ _ _ _ _ Zahlen und können daher nur als Näherungswert angegeben werden.
Will man den Wert einer irrationalen Zahl möglichst genau (auf der Zahlengeraden) darstellen, so kann man sie mit immer enger werdenden

_ _ _ _ _ _ _ _ _ _ _ eingrenzen. So kann man beliebig viele Nachkommastellen in der Dezimaldarstellung dieser Zahl bestimmen.

- $\sqrt{169} =$ _____ , da _____ · _____ = _____
- $\sqrt{2} \approx$ _____ , da _____ · _____ $\approx$ _____
- $\sqrt{8} \approx$ _____ , da _____ · _____ $\approx$ _____
- $\sqrt[3]{64} =$ _____ , da ____ · ____ · ____ = _____
- $\sqrt[4]{81} =$ _____
- $\sqrt[5]{9} \approx$ _____
- $\sqrt[6]{6} \approx$ _____

- $\sqrt{5} = 2{,}236\,067\,977\ldots\ldots\ldots\ldots\ldots\ldots\ldots\ldots\ldots\ldots\ldots\ldots\ldots$

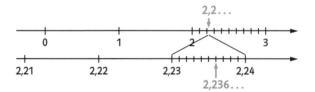

■ Rationale, irrationale und reelle Zahlen

Rationale Zahlen sind Zahlen, die man als Bruch, z. B. $-\frac{7}{11}$, schreiben kann. Eine rationale Zahl kann man auch als einen abbrechenden oder periodischen Dezimalbruch schreiben, hier: $-\frac{7}{11} = -0{,}\overline{63}$

Alle anderen Zahlen sind **irrationale Zahlen**.
Als **reelle Zahlen** bezeichnet man die rationalen und irrationalen Zahlen zusammen.

Reelle Zahlen

_ _ _ _ _ _ _ _ _ Zahlen
- Bruchzahlen
- periodische Dezimalbrüche
- abbrechende Dezimalbrüche

_ _ _ _ _ _ _ _ _ _ Zahlen
- alle nicht periodischen und nicht abbrechenden Dezimalbrüche

---

■ Rechnen mit Wurzeln

Neben den bekannten Rechengesetzen, die auch für Quadratwurzeln gelten, gibt es besondere Regeln für Wurzeln.
Für $a \geqq 0$ und $b \geqq 0$

1. Multiplikation und Division von Quadratwurzeln

- Produkte von Wurzeln $\quad \sqrt{a} \cdot \sqrt{b} = \sqrt{a \cdot b}$

- Quotienten von Wurzeln $\dfrac{\sqrt{a}}{\sqrt{b}} = \sqrt{\dfrac{a}{b}}$

2. Zusammenfassen von Quadratwurzeln
$\qquad n \cdot \sqrt{a} + m \cdot \sqrt{a} = (n + m) \cdot \sqrt{a}$

3. Teilweises Wurzelziehen $\quad \sqrt{a^2 b} = a \cdot \sqrt{b}$

- $\sqrt{2} \cdot \sqrt{8} = \sqrt{2 \cdot 8} = \sqrt{\rule{3em}{0pt}} =$ _____

- $\dfrac{\sqrt{8}}{\sqrt{2}} = \sqrt{\dfrac{\rule{2em}{0pt}}{\rule{2em}{0pt}}} = \sqrt{\rule{2em}{0pt}} =$ _____

- $2 \cdot \sqrt{5} + 4 \cdot \sqrt{5} = (\_\_ + \_\_) \cdot \sqrt{5} = \_\_\_\_ \cdot \sqrt{\rule{2em}{0pt}}$

- $\sqrt{8} = \sqrt{4} \cdot \sqrt{2} = \_\_\_\_ \cdot \sqrt{\rule{2em}{0pt}}$

1 Wähle für x drei ganzzahlige Werte im Bereich von −34 bis −27 und bestimme die zugehörigen y-Werte.

a) $y = 13x + 49$ P(____|____)   Q(____|____)   R(____|____)

b) $y + \frac{5}{6}x = -1\frac{3}{4}$ P(____|____)   Q(____|____)   R(____|____)

c) $7{,}62 = 4{,}5x - 2y$ P(____|____)   Q(____|____)   R(____|____)

2 Bestimme die Lösung des Gleichungssystems grafisch und rechnerisch und mache die Probe.

a) (1) $x + 4y = 18$
    (2) $-3x + 6y = 0$

(1') y = _____

(2') y = _____

Lösung: (____|____)
Probe:
(1) _____

(2) _____

b) (1) $x + 2y = 8$
    (2) $2x - y = 1$

(1') y = _____

(2') y = _____

Lösung: (____|____)
Probe:
(1) _____

(2) _____

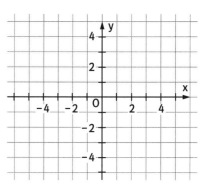

3 Finde das Lösungspaar, welches beide Gleichungen erfüllt.

und	$y = -\frac{5}{6}x + 10{,}5$	$3y - 6 = 2x$
$2y - 2x = 10$	(____|____)	(____|____)
$y = -1{,}5x + 8{,}5$	(____|____)	(____|____)

4 Setze die fehlenden Ziffern ein.

a) $\sqrt{2\,\boxed{}\,5} = \boxed{}\,5$ b) $\sqrt[3]{\boxed{}\,25} = \boxed{}$

c) $\sqrt{\boxed{}\,1} = \boxed{}$ d) $\boxed{}\,3 = \sqrt{16\,\boxed{}}$

e) $\sqrt{5\,\boxed{}\,6} = \boxed{}\boxed{}$ f) $\sqrt[3]{\boxed{}\,4} = \boxed{}$

5 Schreibe als Wurzelterm. **Beispiel:** $14 = \sqrt{196}$

a) 18 = _____   b) 39 = _____   c) 200 = _____

d) 2,2 = _____   e) 4,5 = _____   f) 1,25 = _____

g) 1,01 = _____   h) 0,01 = _____   i) 0,002 = _____

6 Für welchen der folgenden Quader gibt es einen volumengleichen Würfel, dessen Kantenlänge x eine natürliche Maßzahl hat?
Kreuze ihn an und gib die entsprechende Kantenlänge des Würfels an.
Runde die anderen Kantenlängen auf zwei Nachkommastellen.

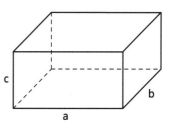

a) a = 4 cm   b = 0,25 cm   c = 5 cm   V = _____ cm³   x = _____ cm ☐

b) a = 3 cm   b = 2 cm   c = 6 cm   V = _____ cm³   x = _____ cm ☐

c) a = 16 cm   b = 8 cm   c = 4 cm   V = _____ cm³   x = _____ cm ☐

d) a = 0,5 cm   b = 0,4 cm   c = 0,3 cm   V = _____ cm³   x = _____ cm ☐

1 Fülle die Tabelle aus.

	Kapital K	Zinssatz p %	Zinsen Z	Zeitraum
a)	5000 €	3 %		7 Monate
b)		5 %	50 €	10 Tage
c)	2800 €	1,5 %	35 €	
d)	5000 €		100 €	1 Jahr

2 Herr Hamm hatte sein Girokonto für 18 Tage um 1840 € überzogen. Die Bank zieht 13,57 € ein. Seine Bank rechnet also mit einem Zinssatz von _____ %.

3 Bei einem Zinssatz von 15 % musste Frau Meyer für 21 Tage 8,75 € Überziehungszinsen

zahlen. Sie hatte sich _____ € von der Bank geliehen.

4 Frau Herforth hat für 5300 € bei einem Versandhaus Möbel bestellt. Wenn sie die Ware sofort bezahlt, darf sie 3 % Skonto einbehalten. Dafür müsste sie aber ihren Dispositionskredit (Zinssatz 14,4 %) für 15 Tage in Anspruch nehmen. Was ist für sie günstiger?

Antwort: _____

5 Wer seine Ersparnisse bei Geldinstituten anlegt, bekommt dafür Zinsen. Wer sich dort hingegen Geld leiht, muss dafür Zinsen bezahlen. Auf welchen Betrag wachsen die Schulden mit Zinseszinsen an, wenn erst nach fünf Jahren mit der Rückzahlung der geliehenen 50 000 € begonnen werden soll (5 % Zinsen pro Jahr)?

	im 1. Jahr	im 2. Jahr	im 3. Jahr	im 4. Jahr	im 5. Jahr	nach 5 Jahren
Schulden ohne Zinsen	50 000 €	52 500 Euro				
Zinsen	2 500 Euro					
Schulden mit Zinsen	52 500 Euro					

6 Herr Schnell will sich ein neues Auto für 13 000 € kaufen. Vergleiche die Angebote.

Gut & Günstig	
Anzahlung:	2 600 €
Laufzeit:	36 Monate
Rate:	185,10 €
Schlussrate:	5 200 €

Reich & Reichlich	
Kapital:	13 000 €
Zinssatz:	4,8 %
Zinsen im Jahr:	_____ €
Laufzeit:	3 Jahre

Berechne für beide Finanzierungen die Gesamtkosten.

Gesamtkosten: _____ Gesamtkosten: _____

Für Herrn Schnell ist das Angebot _____ besser, er spart _____ €.

Wenn er bei seiner Bank den Kredit in drei Jahresraten zurückzahlen will, sind das pro Jahr _____ €.

Herr Schnell muss hierfür jeden Monat _____ € zurücklegen.

1 a) Bei welchem Zinssatz erhöht sich ein Kapital von 2500 € in einem Quartal auf 2550 €?

Lösung: Wenn sich das Kapital in _____ Monaten um _____ € erhöht, so erhöht es sich in einem Jahr um

_____ €. Dividiert man diese Jahreszinsen durch den Grundwert von _____ €, erhält man den Zinssatz als

Dezimalbruch _____ . Das entspricht einem Prozentsatz von _____ %.

b) Paul hat sich 2500 € geliehen und zahlt dann 2600 € zurück. Der Zinssatz für das Darlehen lag bei 7,2 %.

Er hat _____ € Zinsen gezahlt. Stellt man die Zinsformel um, so erhält man t = _____ .

Er hat das Geld nach _____ Tagen zurückgezahlt.

2 Berechne die fehlenden Angaben. Runde gegebenenfalls sinnvoll.

	a)	b)	c)	d)	e)	f)
Guthaben in €	200,00 €	300,00 €			700,00 €	10 000 €
Zinssatz	1 %	2,5 %	3 %	1,2 %		
Jahreszinsen in €			24,00 €		93,80 €	80 €
Monatliche Zinsen in €				0,50 €		

3 Familie Schmidt hat sich ein neues Auto bestellt. Der Kaufpreis wird erst bei Abholung des Fahrzeugs fällig. Das Geld, 21 500 €, liegt zurzeit auf einem Tagesgeldkonto (Zinssatz: 4,5 %), von dem man jederzeit beliebig viel Geld abheben darf. Die Lieferung des neuen Autos erfolgt erst in einem Jahr, da es sich um ein neues Modell handelt. Die Familie möchte sich von den Zinsen eine Reise nach Berlin gönnen, welche im Angebot 999 € kostet. Reicht das Geld?

a) Berechne die Zinsen mit dem Dreisatz.

21 500 € — _____ %

_____ € — 1 %

_____ € — 4,5 %

b) Berechne jetzt die Differenz zwischen Zinsen und den Urlaubskosten: _____

Entscheide.

Es fehlen _____ €. ☐   Es bleiben _____ € übrig. ☐

4 Peter hat vor einem Jahr 1250,00 € auf einem Sparbuch angelegt. Jetzt befinden sich 1287,50 € darauf.

a) Peter hat _____ € Zinsen erhalten.

b) Der Zinssatz betrug damit ____ %.

1250,00 € — _____ %

_____ € — 1 %

_____ € — ____ %

c) Wenn sich der Zinssatz nicht verändert, hat Peter nach einem weiteren Jahr insgesamt _____ €,

nämlich _____ € mehr auf dem Sparbuch.

1 Herr Weitsichtig möchte für seinen Enkel vier Jahre lang einen Betrag von 200,00 €
für den Führerschein sparen. Die Einzahlung soll jeweils am 1.1. des Jahres erfolgen. Der
Berater von der Bank rechnet mit einem Zins von 2%. Er betont, dass es auch bis zu 4%
sein könnten. Oma Weitsichtig meint, dass der Enkel dann ja doppelt so viele Zinsen
bekommen würde. Hat sie recht? Berechne die fehlenden Werte in den Tabellen.

Zinssatz 2% (Runde sinnvoll.)

	Kapital in €	Zinsen in €	Summe in €
1 Jahr	200,00	4,00	200,00 + 4,00 = 204,00
2 Jahre	200,00 + 204,00 = 404,00		
3 Jahre			
4 Jahre			

Zinssatz 4% (Runde sinnvoll.)

	Kapital in €	Zinsen in €	Summe in €
1 Jahr	200,00	8,00	200,00 + 8,00 = 208,00
2 Jahre	200,00 + 208,00 = 408,00		
3 Jahre			
4 Jahre			

2 Peter hat zu seinem Geburtstag insgesamt 500 € geschenkt bekommen. Er möchte das Geld
anlegen, damit er später einmal einen Teil seines Führerscheins bezahlen kann. Derzeit bietet ihm
seine Bank einen Zinssatz von 3,5% an. Er rechnet mit einer Laufzeit von acht Jahren.

Will man das Anwachsen des Kapitals über ____ Jahre berechnen, so muss man den Anfangsbetrag

von _____ € mit dem Zinsfaktor _____ insgesamt _____ -mal multiplizieren.

Rechnung: _____

Nach acht Jahren beträgt das Kapital _____ .

Insgesamt gesehen vergrößert sich das Kapital um _____ %.

3 Eine Bank veröffentlicht nebenstehende Anzeige
für eine Sparanlage mit 6-jähriger Laufzeit. Die Zinsen werden mitverzinst.

a) Berechne die Zinsen von Marina nach drei Jahren
bei einem Einsatz von 10 000 €.

_____

b) Wie viel Euro bekommt Daniel nach dem vierten
Jahr ausgezahlt, wenn er 5000 € anlegt?

_____

c) Manuel legt 7000 € an und lässt sich den
angesparten Betrag nach sechs Jahren auszahlen.

_____ €

d) Zeichne ein korrektes Säulendiagramm der
Daten darunter.

e) Worin unterscheidet es sich von der oben
dargestellten Grafik?
Warum stellt die Bank es so dar?

_____

_____

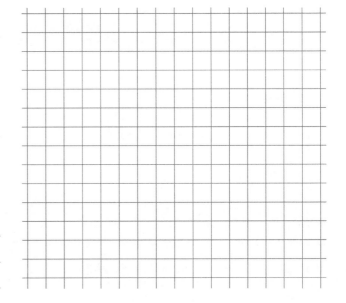

Ihre Vorteile:
• Garantiert feste, steigende
  Zinsen für die gesamte Laufzeit
• Flexible Geldanlage mit vor-
  zeitiger Rückgabemöglichkeit
• Sichere Anlageform

2,3 % — 2,8 % — 3 % — 3,25 % — 5 % — 5,9 %

Jahr 1. 2. 3. 4. 5. 6.

Fülle die Lücken. Für jeden Buchstaben findest du einen Strich. Löse dann die Beispielaufgaben.

■ Zinsrechnen für einen Zeitraum kürzer als 1 Jahr

Betrachtet man nicht ein ganzes Jahr, sondern nur _ _ _ _ _ davon,

so muss man die Jahreszinsen mit einem _ _ _ _ _ _ _ _ _ _
multiplizieren.

In der Regel rechnet man für ein Jahr mit _ _ _ _ _ Tagen und einen

Monat mit _ _ _ _ _ Tagen.

$Z = K \cdot \frac{p}{100} \cdot \frac{t}{360}$ (t ist die Anzahl der Tage.)

■ Bei einem Zinssatz von 2,8 %
und einem Kapital von 2400 €
erhält man 20 € Zinsen.

$Z = $ _____ € $p\% = $ _____

$K = $ _____ €

$t = Z \cdot \frac{100}{p} \cdot \frac{360}{K} = $ _____ $\cdot \frac{100}{} \cdot \frac{360}{}$

$= $ _____ Tage

■ Zinseszins

Wird ein Kapital über _ _ _ _ _ _ _ Jahre mit demselben Zinssatz

verzinst, werden die Zinsen mit verzinst. Das _ _ _ kapital nach
n Jahren wird mithilfe der Zinseszinsformel berechnet:
$K_n = K_0 \cdot q^n$, wobei $q = 1 + \frac{p}{100}$ ist.
(K_0 = Anfangskapital, n = Anzahl der ganzen Jahre, q = Zinsfaktor)

■ Berechne das Endkapital nach
vier Jahren bei einem Anfangskapital von 3000 € und einem
Zinssatz von 3,4 %.

_____

_____

■ Zuwachssparen

Wenn sich im Laufe der Jahre die _ _ _ _ _ _ _ _ _ verändern und
steigern, dann spricht man vom Zuwachssparen.
Das Endkapital K_n kann man mit der Formel direkt berechnen.
$K_n = K_0 \cdot q_1 \cdot q_2 \cdot q_3 \cdot \ldots q_n$

■ Berechne das Kapital
nach zwei Jahren.
Anlagesumme: 10 000 €
Zinsen: 1. Jahr 3 %
　　　　 2. Jahr 3,5 %

_____

_____

■ Kleinkredit

Bei Krediten zwischen _____ € und 50 000 € spricht man von

Kleinkrediten. Diese werden ebenfalls in _ _ _ _ _ _ _ _ _ _ _ _,
gleichbleibenden Raten bezahlt. Häufig wird darüber hinaus eine
Bearbeitungsgebühr fällig.

■ Berechne den Rückzahlungs-
betrag, wenn man sich 24 000 €
für 30 Monate mit einem
Zinssatz von 0,9 % pro Monat
und einer Bearbeitungsgebühr
von 1,8 % leiht.

_____

_____

■ Ratenkauf

Wird ein Kaufpreis in mehreren _ _ _ _ _ _ bezahlt, spricht man von
einem Ratenkauf. Dabei wird für jeden Monat ein Kreditaufschlag
in Prozent erhoben.

Kreditaufschlag

$= $ _ _ _ _ _ _ _ _ _ _ · Anzahl der Monate · Prozentsatz pro Monat

Monatliche Rate $= \dfrac{\text{Kaufpreis + Kreditaufschlag}}{\text{Anzahl der Monate}}$

■ Mit welcher monatlichen Rate
muss man rechnen, wenn man
einen Fernseher für 1500 € mit
einem Kreditaufschlag von
0,56 % und einer Laufzeit von
24 Monaten kaufen möchte?

_____

_____

Zentrische Streckung

1 Vergrößere oder verkleinere das Rechteck mit dem angegebenen Faktor. Die linke obere Ecke soll dabei fest bleiben. Wie viel Prozent der ursprünglichen Seitenlängen betragen die Seitenlängen des neuen Rechtecks?

a) k = 1,2 = <u>120</u> %

b) k = 0,9 = _____ %

c) k = 1,7 = _____ %

d) k = _____ = 40 %

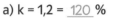

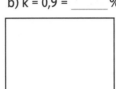

2 Mit welchem Faktor f hat sich bei Aufgabe 1 der Flächeninhalt verändert?

a) Seitenlängen:

vorher: <u>1,5 cm / 2 cm</u>

nachher: <u>1,8 cm / 2,4 cm</u>

Flächeninhalt:

vorher: <u>3 cm^2</u>

nachher: <u>4,32 cm^2</u>

Faktor f = <u>1,44</u>

b) Seitenlängen:

vorher: _____

nachher: _____

Flächeninhalt:

_____

_____

f = _____

c) Seitenlängen:

vorher: _____

nachher: _____

Flächeninhalt:

_____

_____

f = _____

d) Seitenlängen:

vorher: _____

nachher: _____

Flächeninhalt:

_____

_____

f = _____

3 Jedes Dreieck aus der oberen Hälfte hat einen vergrößerten oder einen verkleinerten Partner in der unteren Hälfte. Ordne richtig zu (verbinde) und schreibe an die Verbindungslinie den entsprechenden Faktor. Eine Figur bleibt übrig, nämlich Figur _____ .

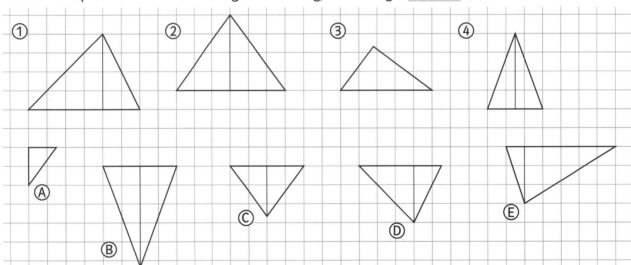

4 Ein Zollstock wird durch eine Lupe betrachtet. Bestimme den Vergrößerungsfaktor der Lupe.

Der Vergrößerungsfaktor der Lupe beträgt _____ .

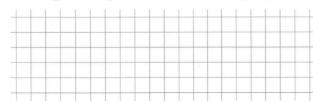

Ähnliche Figuren (1)

1 Bestimme die Verhältnisse der Dreieckseiten. Die Dreiecke mit den Nummern ___ und ___ sind ähnlich.

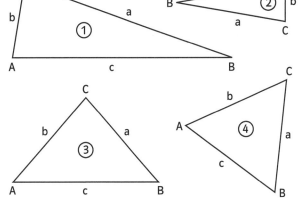

Dreieck	$\frac{a}{b}$	$\frac{b}{c}$	$\frac{a}{c}$
1			
2			
3			
4			

2 Zeichne zum Ausgangsdreieck ähnliche Dreiecke. Eine Seite ist jeweils schon vorgegeben. Miss deren Länge und berechne die Längen der fehlenden Seiten. Miss auch alle Winkel und trage sie in die Zeichnungen ein.

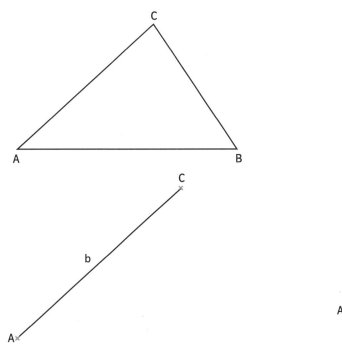

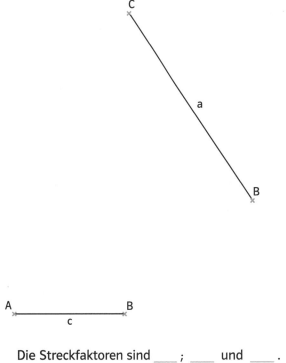

Die Streckfaktoren sind ___ ; ___ und ___ .

3 Welche Rechtecke sind ähnlich? Schreibe zur Beantwortung der Frage das Seitenverhältnis der längeren zur kürzeren Rechteckseite in das Innere eines jeden Rechtecks.

1 Zeichne ein ähnliches Dreieck mit dem Vergrößerungsfaktor $k = \frac{3}{2}$.
Miss anschließend die Winkel und überzeuge dich davon, dass sie jeweils gleich sind.

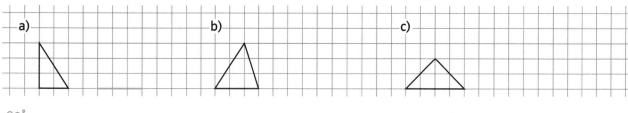

a) ____90°____ ; _____ ; _____ b) _____ ; _____ ; _____ c) _____ ; _____ ; _____

2 Zeichne ein ähnliches Rechteck mit dem Streckfaktor $k = \frac{2}{3}$.

> Ist der Streckfaktor kleiner als 1, so wird die Figur verkleinert.

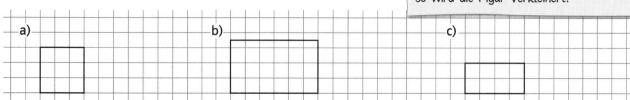

3 Ist das orange Rechteck zum schwarzen ähnlich? Gib den Streckfaktor k an.

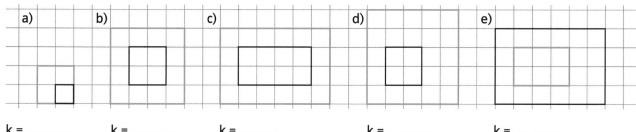

k = _____   k = _____   k = _____   k = _____   k = _____

4 a) Konstruiere in der Mitte ein Dreieck mit a = 4,4 cm; b = 4 cm und c = 3,6 cm.

b) Konstruiere rechts davon ein dazu ähnliches Dreieck mit c′ = 4,5 cm (Vergrößerungsfaktor: _____).

Berechne zunächst die übrigen Seitenlängen des ähnlichen Dreiecks: a′ = _____ cm; b′ = _____ cm.

c) Konstruiere links daneben ein ähnliches Dreieck mit a″ = 1,1 cm (Vergrößerungsfaktor: _____).

Übrige Seitenlängen des ähnlichen Dreiecks: b″ = _____ cm; c″ = _____ cm

╳———
A″   A   c = 3,6 cm   B   A′

Schnittpunkt 9

Mathematik
Rheinland-Pfalz

Lösungen zum Arbeitsheft

Rechnen mit Brüchen, rationale Zahlen, Seite 3

1
a) $\frac{1}{2}$ b) $\frac{5}{8}$ c) $3\frac{9}{10}$ d) $3\frac{4}{7}$

e) $\frac{1}{18}$ f) $\frac{7}{2} = 3\frac{1}{2}$ g) $3\frac{3}{5}$ h) $9\frac{1}{3}$

2
a) 0,75 b) 0,6 c) 0,5 d) 0,25 e) 0,16

f) 0,125 g) 0,8 h) 0,7 i) 0,55 j) 0,16

3
a)   b) c) $\frac{9}{25}$ d) $\frac{14}{24} = \frac{7}{12}$

4
a) $\frac{10}{12} > \frac{7}{12}$ b) $\frac{116}{168} > \frac{77}{168}$ c) $\frac{5}{12} = \frac{5}{12}$

d) $\frac{1}{30} < \frac{4}{30}$ e) $\frac{7}{30} < \frac{8}{30}$ f) $\frac{26}{24} > \frac{25}{24}$

5
a) $\frac{4}{3} - \frac{1}{3} = 1$ b) $\frac{3}{5} \cdot \frac{1}{4} \cdot \frac{2}{3} = \frac{1}{10}$ c) $\frac{1}{4} + \frac{1}{4} + \frac{1}{6} = \frac{2}{3}$

6
a) $-\frac{1}{6}$ b) $-\frac{1}{2}$ c) $\frac{1}{2}$

d) $-\frac{3}{4}$ e) $-1\frac{1}{9}$ f) $\frac{1}{24}$

7
a) $\frac{1}{16}$ b) $\frac{2}{3}$ c) $\frac{1}{3}$

Rechnen mit Dezimalbrüchen, Seite 4

1
a) 13,7 b) 4,04

c) −1,29 d) 0,39

e) $3 + (-1,75) = 1,25$ f) $9,9 - 3,6 = 6,3$

g) $-55,4 - 44,6 = -100$ h) $0,5 - 5,5 = -5$

i) 1,25 j) 10

k) 0,36 l) 0,08

m) 4,2 n) 9,3

o) 503 p) 309,05

2
a) 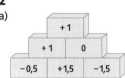 b)

c)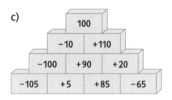

3
In die Lücken wird eingetragen:
a) 0,3 b) −0,1 c) 1,1 d) $-\frac{3}{2}$

e) $-\frac{5}{9}$ f) $\frac{4}{7}$ g) (−1) h) $\left(-\frac{7}{4}\right)$

4
a) 980 b) 0,7687 c) 0,000 657

98 7,687 0,006 57

0,098 76,87 657

5
a) −90 b) 2 c) −19

d) −80 e) −24 f) −59

g) −37 h) 5 i) −114

6
a) 1,94 b) 1 c) 1,8 d) 0,04

e) 0,9 f) 3

7
a) $\frac{3}{40} = 0,075$ b) $\frac{1}{5} = 0,2$ c) $\frac{18}{18} = 1$ d) $\frac{5}{5} = 1$

Terme und Gleichungen, Seite 5

1

x	1	2	5	4	14	10	20	34
3x − 2	1	4	13	10	40	28	58	100

2
$x \cdot 25\% = x \cdot \frac{1}{4} = x : 4 = \frac{x}{100} \cdot 25 = 0,25x$

3
a) $y = (7x - 3) - 3x = 4x - 3$
b) $u = 7x - 3 + 2(3x - 1) + 3x + 4x - 2 + y + 2x = 26x - 10$

4

a) $x = 7$ b) $x = -1$ c) $x = 5$

d) $x = -\frac{1}{3}$ e) $x = \frac{7}{8}$ f) $x = \frac{5}{3}$

5

a) $2x + 3$ b) $-12{,}5z + 2$ c) $12z + 8$

d) $5x - 3$ e) $20x - 12$ f) $-16z + 8$

g) $-6z - 14$ h) $13m + 2$ i) $-5x + 22$

6

a) $3x = 3 - 2x$; $5x = 3$; $x = \frac{3}{5}$

Probe: (1) $3 \cdot \frac{3}{5} + 7 = \frac{9}{5} + \frac{35}{5} = \frac{44}{5}$

　　　(2) $10 - 2 \cdot \frac{3}{5} = \frac{50}{5} - \frac{6}{5} = \frac{44}{5}$

b) $-\frac{1}{3}x = -15$; $x = 45$

Probe: (1) $12 - \frac{1}{3} \cdot 45 = 12 - 15 = -3$

　　　(2) -3

c) $7x - 15 - 6x = 7$; $x = 22$

Probe: (1) $7 \cdot 22 - 3 \cdot (5 + 2 \cdot 22) = 154 - 147 = 7$

　　　(2) 7

7

gesucht: Zahl x; Rechnung: $8x - 12 = 4x + 8$; $4x = 20$; $x = 5$

Antwort: Die Zahl heißt 5.

Figuren und Flächen, Seite 6

1

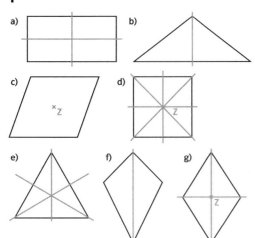

2

	a)	b)	c)	d)	e)	f)	g)
A	$4{,}5\,\text{cm}^2$	$3\,\text{cm}^2$	$5\,\text{cm}^2$	$4\,\text{cm}^2$	$2{,}75\,\text{m}^2$	$3\,\text{cm}^2$	$3\,\text{cm}^2$
u	$9\,\text{cm}$	$9\,\text{cm}$	$9{,}5\,\text{cm}$	$8\,\text{cm}$	$7{,}5\,\text{cm}$	$7{,}6\,\text{cm}$	$7{,}2\,\text{cm}$

3

a) $u = (12 + \sqrt{4{,}5})\,\text{cm} \approx 14{,}12\,\text{cm}$; $A = 7{,}125\,\text{cm}^2$

b) $u = (\sqrt{3{,}25} + \sqrt{8} + 2 \cdot \sqrt{5} + \sqrt{4{,}25} + 2)\,\text{cm} \approx 13{,}16\,\text{cm}$;

$A = 11{,}25\,\text{cm}^2$

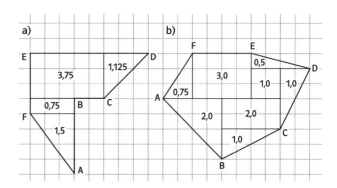

4

a) $2\,\text{m}^2$ b) $15\,\text{a}$ c) $0{,}403\,\text{cm}^2$ d) $0{,}0125\,\text{ha}$

5

a) $2340\,\text{cm}^2$ b) $505\,\text{a}$ c) $0{,}3\,\text{km}^2$ d) $100\,\text{mm}^2$

e) $0{,}1\,\text{a}$ f) $0{,}0025\,\text{m}^2$ g) $10\,000\,000\,000\,\text{cm}^2$

6

	a)	b)	c)
Radius	$5{,}5\,\text{cm}$	$3{,}6\,\text{m}$	$6{,}7\,\text{dm}$
Durchmesser	$11\,\text{cm}$	$7{,}2\,\text{m}$	$13{,}4\,\text{dm}$
Umfang	$34{,}6\,\text{cm}$	$22{,}6\,\text{m}$	$42\,\text{dm}$
Flächeninhalt	$95{,}03\,\text{cm}^2$	$40{,}72\,\text{m}^2$	$140{,}37\,\text{dm}^2$

7

$u = (3{,}5\pi + 1)\,\text{cm} \approx 12{,}0\,\text{cm}$

$A = 0{,}875\pi\,\text{cm}^2 \approx 2{,}75\,\text{cm}^2$

Körper und Raum, Seite 7

1

a) $3265\,\text{dm}^3 = 3{,}265\,\text{mm}^3$ b) $43\,081\,\text{cm}^3 = 43{,}081\,\text{dm}^3$

c) $66\,003\,\text{ml} = 66{,}003\,\text{l}$ d) $530\,\text{l} = 5{,}3\,\text{hl}$

2

a) $500\,\text{cm}^3$ b) $42\,\text{cm}^3$ c) $0{,}03\,\text{m}^3$ d) $5{,}733\,\text{l}$

3

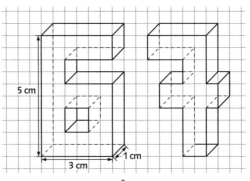

a) $5 \cdot 3 \cdot 1 - 1 - 2 = 12\,\text{cm}^3$ b) $5{,}4\,\text{g}$

c) $5 + 1 + 2 = 8\,\text{cm}^3$ d) $3{,}6\,\text{g}$

4

$O = 21\,\text{cm}^2$

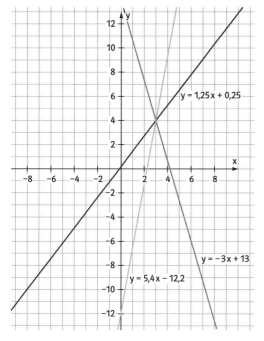

5
a) $d = 16\,\text{dm}$; $V = 1809{,}56\,\text{dm}^3$
b) $r = 6\,\text{cm}$; $V = 791{,}68\,\text{cm}^3$
c) $h = 100{,}0\,\text{mm}$

Lineare Gleichungen mit zwei Variablen, Seite 8

1
a)–h) Das Zahlenpaar (3 | 4) ist Lösung der Gleichungen:
a), c), d), f) und g).
i) Die Gleichungen b), e) und h) werden von (3 | 4) nicht gelöst.
Neue Gleichungen nach Änderung der Zahl ohne Variable:
b) $y + 3x = 13$;   e) $3y - 16{,}2x = -36{,}6$;   h) $y - 1{,}25x = 0{,}25$
j) Die Gleichungen werden zunächst nach y aufgelöst:
b) $y = -3x + 13$;   e) $y = 5{,}4x - 12{,}2$;   h) $y = 1{,}25x + 0{,}25$

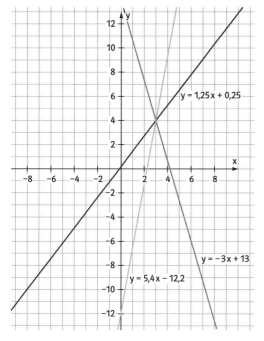

2
Lösungswort: LINEAR
(1 | 2,6) A   (5 | 5) E $\left(11\tfrac{2}{3}\,|\,9\right)$ I

(12 | 9,2) L   (20 | 14) N $\left(18\,|\,12\tfrac{4}{5}\right)$ R

3
b) $y = -5x - 2$ c) $y = 2x + 6$ d) $y = 3x - 11$

e) $y = \tfrac{1}{2}x + 2$ f) $y = -5$

4
a) Gleichung: $4x + 2y = 22$ (x steht für Hasen, y für Hühner)

Anzahl Hasen	5	4	3	2	1	0
Anzahl Hühner	1	3	5	7	9	11

b) Fliegen (Insekten) mit 6 Beinen und Spinnen mit 8 Beinen

Anzahl Insekten	12	8	4	0
Anzahl Spinnen	0	3	6	9

Lineare Gleichungssysteme (1), Seite 9

1
(1 | −1) gehört zum ersten Gleichungssystem.
(4 | −1) gehört zum zweiten Gleichungssystem.
(2 | 2,5) gehört zum dritten Gleichungssystem.
(−3 | −2) gehört zum vierten Gleichungssystem.
$\left(\tfrac{3}{4}\,|\,-\tfrac{5}{2}\right)$ bleibt übrig.

2

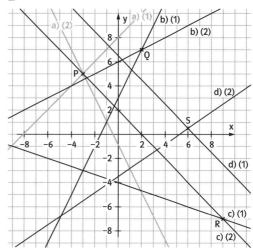

b) Q (2 | 7)
Probe: $7 = 2 \cdot 2 + 3$; $7 = 0{,}5 \cdot 2 + 6$
c) R (9 | −7)

Probe: $-7 = -\tfrac{1}{3} \cdot 9 - 4$; $-7 = -9 + 2$

d) $S\left(6\,|\,\tfrac{1}{2}\right)$

Probe: $\tfrac{1}{2} = -6 + 6{,}5$; $\tfrac{1}{2} = \tfrac{2}{3} \cdot 6 - \tfrac{7}{2}$

3
Lösungswort: POINT
Den Punkt (−6 | −4) als Lösung haben a), c), e), f) und h).

4

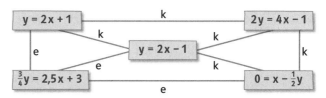

5

x steht für die Anzahl der Eistaucher und y für die Anzahl
der Eisbären.

(1): $2x + 4y = 32$

(2): $x + y = 12$

Es leben dort 8 Eistaucher und 4 Eisbären.

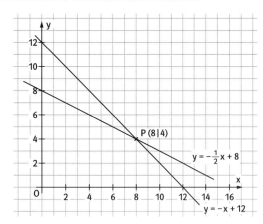

Lineare Gleichungssysteme (2), Seite 10

1

x steht für die Anzahl der Sechser.

(1) $x + y = 13$ und (2) $6x + 8y = 88$

(1') $y = 13 - x$ und (2') $y = -\frac{3}{4}x + 11$

In Timos Kiste liegen 8 Sechser und 5 Achter.

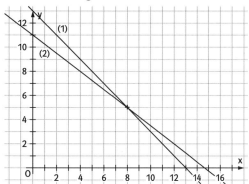

2

Mögliche Veränderungen:

a) (1) $y = 3x - 2$ oder (2) $y = 3x + 4$

b) (1) $y = 2x - 3$ oder (2) $y = -4x + 3$

c) Beliebige Änderung der Steigung einer der beiden Gleichungen, so dass sie nicht mehr identisch sind (bisher sind beide Gleichungen: $y = 5x + 3$). Zum Beispiel (2) $y = 2,5x + 3$

3

a) Damit die Gleichungen vergleichbar sind, muss die Variable x in beiden für das Gleiche stehen: Man wählt x für die Anzahl der (vollen) Stunden.

(1) $y = 12x + 8$;   (2) $y = 15x + 2$

b)

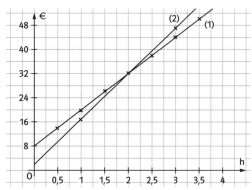

c) 2; 32

4

umgeformte Gleichungen:

(2) $y = x$ (3) $y = \frac{3}{2}x + 3$ (4) $y = 1,5x + 2$

(1) mit (2): e   (1) mit (3): k

(1) mit (4): k   (2) mit (3): e

(2) mit (4): e   (3) mit (4): u

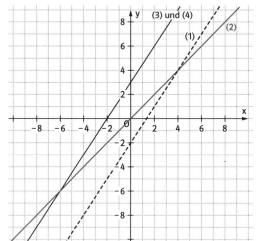

Lösen durch Gleichsetzen, Seite 11

1

a) Korrektur: $x = 1$ $y = 4 \cdot 1 + 2$ $y = 6$

Probe: $6 = 9 \cdot 1 - 3$ $6 = 9 - 3$ $6 = 6$

b) Korrektur: $x = -2 \cdot (-5) + 14$ $x = 10 + 14$ $x = 24$

Probe: $24 = 3 \cdot (-5) + 39$ $24 = -15 + 39$ $24 = 24$

2

a)

1 | (1') $y = 8 - 3x$

2 | (1') = (2) $8 - 3x = 2x - 12$ $|+12$ $|+3x$

3 | $5x = 20$ $|:5$ 4 | $x = 4$

5 | (1) $3 \cdot 4 + y = 8$ 6 | $12 + y = 8$ $|-12$

7 | $y = -4$ 8 | P mit (2) $-4 = 2 \cdot 4 - 12$

9 | $-4 = 8 - 12$ 10 | $-4 = -4$

b)

1 $(2')$ $\quad 0{,}6x - 3y - 0{,}6 = 0$

2 $(1) - (2')$ $\quad 3y + 0{,}6 + 2y = 4{,}4$

3 $5y + 0{,}6 = 4{,}4$ $\quad | -0{,}6$ **4** $5y = 3{,}8$ $\quad | : 5$

5 $y = 0{,}76$ **6** (1) $\quad 0{,}6x + 2 \cdot 0{,}76 = 4{,}4$

7 $0{,}6x + 1{,}52 = 4{,}4$ $\quad | -1{,}52$

8 $0{,}6x = 2{,}88$ $\quad | : 0{,}6$ **9** $x = 4{,}8$

10 P mit (2) $\quad 0{,}6 \cdot 4{,}8 = 3 \cdot 0{,}76 + 0{,}6$

11 $2{,}88 = 2{,}88$

3

(1) $\quad y = \frac{3}{2}x + 3$

(2) $\quad y = 3x - 2$

$(1) = (2)$ $\quad \frac{3}{2}x + 3 = 3x - 2 \qquad | -3x$

$\qquad\qquad -\frac{3}{2}x + 3 = -2 \qquad | -3$

$\qquad\qquad -\frac{3}{2}x = -5 \qquad \left| \left(-\frac{2}{3}\right)\right.$

$\qquad\qquad x = \frac{10}{3}$

Einsetzen von x in (1):   Probe mit (2):

$\qquad y = \frac{3}{2} \cdot \frac{10}{3} + 3 \qquad\qquad 8 = 3 \cdot \frac{10}{3} - 2$

$\qquad y = 5 + 3 \qquad\qquad\qquad 8 = 10 - 2$

$\qquad y = 8 \qquad\qquad\qquad\quad 8 = 8$

Lösen durch Addieren, Seite 12

1

a) (1) $\quad 4x + 2y = 28$ Setze x in (1) ein:

(2) $\quad 3x - 2y = 14$ (1) $\quad 4 \cdot 6 + 2y = 28$

$(1) + (2)$ $\quad 7x = 42$ $\qquad 24 + 2y = 28$

$\qquad\qquad x = 6$ $\qquad 2y = 4$

$\qquad\qquad\qquad\qquad y = 2$

Probe mit Gleichung (2):

(2) $\quad 3 \cdot 6 - 2 \cdot 2 = 14$

$\qquad 18 - 4 = 14$

$\qquad 14 = 14$

b) (1) $\quad 6x + 4y = 38$ Setze x in (1) ein:

(2) $\quad 2x + 2y = 8$ (1) $\quad 6 \cdot 11 + 4 \cdot y = 38$

(1) $\quad 6x + 4y = 38$ $\qquad 66 + 4y = 38$

$(2')$ $\quad -4x - 4y = -16$ $\qquad 4y = -28$

$(1) + (2')$ $\quad 2x = 22$ $\qquad y = -7$

$\qquad\qquad x = 11$

Probe mit Gleichung (2):

(2) $\quad 2 \cdot 11 + 2 \cdot (-7) = 8$

$\qquad 22 + (-14) = 8$

$\qquad 8 = 8$

2

a) (1) $5x + 4y = 23$ b) (2) $-7y - 4x = 31$ c) $-23 = -2x + 4y$

3

Die Variable x steht für die Anzahl der Milchfinger und y für die Anzahl der Erdbeerhände.

(1) $\quad 1{,}20x + 1{,}50y = 18$ $\quad | \cdot 5$

(2) $\quad 1{,}50x + 1{,}20y = 17{,}1$ $\quad | \cdot (-4)$

Umgeformt: Zweite Variable:

$(1')$ $\quad 6x + 7{,}5 \cdot y = 90$ $\qquad 1{,}20x + 1{,}50 \cdot 8 = 18$

$(2')$ $\quad -6x - 4{,}8y = -68{,}4$ $\qquad 1{,}20x + 12 = 18$

$(1') + (2')$ $\quad 2{,}7y = 21{,}6$ $\qquad\qquad 1{,}20x = 6$

$\qquad\qquad y = 8$ $\qquad\qquad\qquad x = 5$

Lösung: $x = 5$ und $y = 8$

Eigentlich soll Wilhelm 5 Milchfinger und 8 Erdbeerhände holen.

4

a)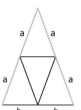

b) (1) $\quad 2a + 4b = 46$

$\quad (2)$ $\quad 4a + 2b = 50$

c) Schenkellänge: $9\,\text{cm}$; Basislänge: $7\,\text{cm}$

LGS – Lösen mit verschiedenen Verfahren, Seite 13

1

a) $-y + 15 = 3y + 39$ b) $(1')$ $y = -3x + 5$

$\quad 15 = 4y + 39$ $\qquad -3x + 5 = 2x - 17$

$\quad -24 = 4y$ $\qquad 22 = 5x$

$\quad -6 = y$ $\qquad 4{,}4 = x$

Einsetzen in (1):   Einsetzen in (2):

$7x = 6 + 15$; $x = 3$ $y = 2 \cdot 4{,}4 - 17 = -8{,}2$

$L = \{(3; -6)\}$ $L = \{(4{,}4; -8{,}2)\}$

2

a) $(2')$ $-6x = -2y - 60$ b) $(2')$ $-30y = 42x + 78$

$\quad (1) + (2')$ $\quad 0 = -4{,}5y - 33$ $\quad (1) + (2')$: $16x = 26 + 42x + 78$

$\qquad\qquad y = -\frac{22}{3} = -7\frac{1}{3}$ $\qquad -26x = 104$

$\qquad\qquad\qquad\qquad\qquad x = -4$

Einsetzen in (1):   Einsetzen in (2):

$6x = -2{,}5 \cdot \left(-\frac{22}{3}\right) + 27$; $y = -1{,}4 \cdot (-4) - 2{,}6 = 3$

$x = \frac{68}{9} = 7\frac{5}{9}$ $L = \{(-4; 3)\}$

$L = \left\{\left(7\frac{5}{9}; -7\frac{1}{3}\right)\right\}$

3

Es gibt verschiedene Möglichkeiten, die Aufgaben zu lösen.

a) $(1')$ $5x = y + 6$ b) $(1')$ $8x = 31 + 7y$

$(1') = (2)$: $y + 6 = 2y - 12$ $\qquad (2')$ $8x = 22 - 2y$

$\qquad y = 18$ $(1') = (2')$: $22 - 2y = 31 + 7y$

Einsetzen in $(1')$: $5x = 18 + 6$ $\qquad -9 = 9y$; $y = -1$

$\qquad\qquad x = 4{,}8$ Einsetzen in (1): $8x + 7 = 31$

$L = \{(4{,}8; 18)\}$ $\qquad\qquad x = 3$

$\qquad\qquad L = \{(3; -1)\}$

4

(x steht für die Anzahl der Urlaubstage.)

Urlaub auf dem Campingplatz (1)

Benzinkosten für Hin- und Rückfahrt:

$2 \cdot 5 \cdot 11{,}5\,\text{l} \cdot 1{,}40\,\text{€/l} = 161{,}00\,\text{€}$

Kosten für Unterbringung: $48x$

(1) $\quad y = 48x + 161$

Urlaub im Ferienhaus (2)
Benzinkosten für Hin- und Rückfahrt:
2 · 5 · 7,5 l · 1,40 €/l = 105 €
Kosten für Unterbringung: 55 x
(2) y = 55 x + 105
Bis zu einer Verweildauer von 7 Tagen ist es günstiger, im
Ferienhaus zu übernachten. Bei 8 Tagen ist es egal, welche
Unterkunft man wählt. Und bei einer Verweildauer von über
8 Tagen ist es günstiger, auf dem Campingplatz zu übernachten.

Modellieren mit linearen Gleichungssystemen, Seite 14

1
Folgende Informationen sind für die Aufgabe relevant und
müssen markiert werden:
Realsituation: Aussagen 3, 5 und 13 (in Aussage 3 sind folgende
Werte einzusetzen: 12,00 €; 8 Glühlampen; 8,00 €)
Mathematisches Modell: Aussagen 23, 29, 37 und 43
Mathematische Ergebnisse: Aussage 47
Reale Ergebnisse: Aussagen 61 und 79

2
a) Reihenfolge: E, D, L, G   b) Reihenfolge: I, B, F, C

Lineare Gleichungssysteme | Merkzettel, Seite 15

▨ **Beispiele:** F(3|3)

▨ **Text:** Geraden
Beispiele: L = {(2; 1,5)}

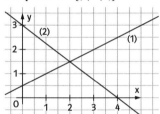

▨ **Text:** Gleichsetzungs;   beiden;   Gleichung
Beispiele: (1) in (2): 2 · (2x − 1) + x = 8
−2y + 4x = 2;   (1) + (2): 0y + 5x = 10;   x = 2
y = 2 · 2 − 1;   y = 3

▨ **Text:** Halbebenen
Beispiele:

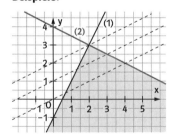

▨ **Text:** Ziel
Beispiele: siehe Grafik; 4 · 3 € + 2 € = 14 €

Quadratwurzeln, Seite 16

1
a) 5   b) 9   c) 18   d) 24
e) 20   f) 50   g) 100   h) 400

2
a) 1,1   b) 0,8   c) 0,05   d) 0,13
e) $\frac{3}{4}$ f) $\frac{8}{11}$ g) $\frac{17}{12}$ h) $\frac{23}{27}$

3
a) 28,16   b) 12,0582   c) 0,970
d) 0,1   e) 0,408   f) 0,2810

4
b) erweitern mit 2: $\sqrt{\frac{196}{100}}$; oder kürzen mit 2: $\sqrt{\frac{49}{25}}$; Ergebnis: $\frac{7}{5}$

c) erweitern mit 3: $\sqrt{\frac{1089}{225}}$; oder kürzen mit 3: $\sqrt{\frac{121}{25}}$;

Ergebnis: $\frac{11}{5}$

d) erweitern mit 20: $\sqrt{\frac{16\,900}{2500}}$; oder kürzen mit 5: $\sqrt{\frac{169}{25}}$;

Ergebnis: $\frac{13}{5}$

5
a) $\sqrt{\frac{81}{16}} = \frac{9}{4} = 2\frac{1}{4}$ b) $\sqrt{\frac{4}{9}} = \frac{2}{3}$

c) $\sqrt{\frac{441}{100}} = \frac{21}{10} = 2\frac{1}{10}$ d) $\sqrt{7\frac{1}{9}} = \sqrt{\frac{64}{9}} = \frac{8}{3} = 2\frac{2}{3}$

e) $\sqrt{\frac{169}{81}} = \frac{13}{9} = 1\frac{4}{9}$ f) $\sqrt{2\frac{7}{9}} = \sqrt{\frac{25}{9}} = \frac{5}{3} = 1\frac{2}{3}$

6
a) $A_1 = 7\,cm^2 = \sqrt{7} \cdot \sqrt{7}\,cm^2$; $A_2 = 64\,cm^2 = 8 \cdot 8\,cm^2$
$A_3 = (8 \cdot \sqrt{7})\,cm^2 \approx 21,17\,cm^2$
b) $x = (8 + \sqrt{7})\,cm \approx 10,65\,cm$
Flächeninhalt zusammengesetztes Quadrat:
$x^2 = (8 + \sqrt{7})^2\,cm^2 \approx 113,33\,cm^2$
oder $A_1 + A_2 + 2A_3 = 7\,cm^2 + 64\,cm^2 + 2 \cdot 21,17\,cm^2 = 113,34\,cm^2$

Multiplikation und Division, Seite 17

1
a) 16   b) 99   c) 210   d) 500
e) 0,4   f) 2,75   g) 0,15 · 0,14 = 0,021

2
a) $\sqrt{75}$ b) $\sqrt{8}$ c) $\sqrt{2}$ d) $\sqrt{150}$
e) $\sqrt{0,2}$ f) $\sqrt{0,7}$ g) $\sqrt{1,6}$

3
a) $\sqrt{4} = 2$ b) 2   c) 0,5
$\sqrt{40} = 2\sqrt{10}$ $2\sqrt{10}$ $0,5 \cdot \frac{1}{\sqrt{10}}$
$\sqrt{400} = 20$ 20   0,05
$\sqrt{4000} = 20\sqrt{10}$ $20\sqrt{10}$ $0,05 \cdot \frac{1}{\sqrt{10}}$
$\sqrt{40\,000} = 200$ 200   0,005
Jeweils die 1., 3. und 5. Zeile wird angekreuzt.

4
a)

	$\sqrt{9} = 3$	$\sqrt{12x}$	$\sqrt{2y}$	$\sqrt{3b^2}$
$\sqrt{x}$	$3\sqrt{x}$	$2x\sqrt{3}$	$\sqrt{2xy}$	$b\sqrt{3x}$
$\sqrt{3y}$	$3\sqrt{3y}$	$6\sqrt{xy}$	$y\sqrt{6}$	$9b\sqrt{y}$
$\sqrt{2x}$	$3\sqrt{2x}$	$2x\sqrt{6}$	$2\sqrt{xy}$	$b\sqrt{6x}$

b)

$\frac{\blacksquare}{\blacksquare}$	$\sqrt{9}=3$	$\sqrt{12x}$	$\sqrt{2y}$	$\sqrt{3b^2}$
$\sqrt{x}$	$\frac{1}{3}\sqrt{x}$	$\sqrt{\frac{1}{12}}$	$\sqrt{\frac{x}{2y}}$	$\frac{\sqrt{x}}{\sqrt{3}\cdot b}$
$\sqrt{3y}$	$\sqrt{\frac{y}{3}}$	$\frac{\sqrt{y}}{2\sqrt{x}}$	$\sqrt{1,5}$	$\frac{\sqrt{y}}{b}$
$\sqrt{2x}$	$\frac{\sqrt{2x}}{3}$	$\sqrt{\frac{1}{6}}$	$\sqrt{\frac{x}{y}}$	$\frac{\sqrt{2x}}{b\sqrt{3}}$

5

Also ist $\sqrt{500}=\sqrt{5}\cdot\sqrt{100}=10\cdot\sqrt{5}$, das ist das 10-Fache von $\sqrt{5}$.
$\sqrt{300}$ ist zehnmal so groß wie $\sqrt{3}$. $\sqrt{75}$ ist fünfmal so groß wie $\sqrt{3}$ und $\sqrt{27}$ ist dreimal so groß wie $\sqrt{3}$.

6

a) nicht definiert   b) $\sqrt{8}=2\sqrt{2}$
c) $\sqrt{25\cdot144}=5\cdot12=60$ d) nicht definiert

7

a) $\frac{11q}{15v}$ b) $\sqrt{\frac{0,125z}{0,02z^3}}=\sqrt{\frac{6,25}{z^2}}=\frac{2,5}{z}$ c) $\sqrt{p^6}=p^3$

Addition und Subtraktion, Seite 18

1

a) Eingesetzt werden: die Summe;
$\sqrt{a}^2+2\cdot\sqrt{a}\cdot\sqrt{b}+\sqrt{b}^2=a+2\sqrt{ab}+b$; $2\sqrt{ab}$.
b) Überlegung zum Größenvergleich: individuell;
(i) $=1,6>$ (ii) $\approx1,21$
Sobald $a=0$ oder $b=0$ ist, ist die Ungleichung falsch; für alle positiven a und b ist die Aussage richtig. Quadriert man beide Seiten, so erhält man über die binomische Formel die unterschiedlichen Ergebnisse aus Teilaufgabe a).

2

a) $\sqrt{3}+7\sqrt{7}$
b) $3\sqrt{3}\cdot\sqrt{48}-3\sqrt{3}\cdot\sqrt{3}=3\cdot12-3\cdot3=27$
c) $\sqrt{3}\cdot(5\sqrt{12}-(4\sqrt{12}-2\sqrt{12}))=\sqrt{3}\cdot3\sqrt{12}=3\sqrt{36}=18$

3

a) $4x\sqrt{5}-12\sqrt{x}$ b) $5\sqrt{5}+7\sqrt{7}$
c) $b\sqrt{a}-5a\sqrt{b}$ d) $-3\sqrt{25}+\sqrt{10}=\sqrt{10}-15$

4

a) $4a+5b-2\sqrt{4a}\sqrt{5b}=4a+5b-4\sqrt{5ab}$
b) $\sqrt{3}\cdot(\sqrt{s}^2-\sqrt{t}^2)=\sqrt{3}\,(s-t)$
c) $4x\sqrt{y}-2x\sqrt{y}=2x\sqrt{y}$

5

Jeweils nach dem ersten Gleichheitszeichen muss korrigiert werden:
a) $\sqrt{a}+3\sqrt{b}+3\sqrt{a}\sqrt{b}$
b) $4\sqrt{3}+24\sqrt{7}+3\sqrt{3}-45\sqrt{7}=7\sqrt{3}-21\sqrt{7}$
c) $\sqrt{5}\sqrt{45}+2\sqrt{5}-\sqrt{65}\sqrt{13}+13\sqrt{5}\sqrt{65}$
$=\sqrt{225}+2\sqrt{5}-\sqrt{5\cdot13}\cdot\sqrt{13}+13\cdot\sqrt{5}\cdot\sqrt{5\cdot13}$
$=15+2\sqrt{5}-13\sqrt{5}+13\cdot5\cdot\sqrt{13}=15-11\cdot\sqrt{5}+65\cdot\sqrt{13}$

n-te Wurzeln, Seite 19

1

a) $x=5\,m$
b) $0,027=0,3\cdot0,3\cdot0,3$; $x=0,3\,dm$
c) $x=\sqrt[3]{100}\,ml\approx4,64\,ml$
d) $3375=15\cdot15\cdot15$; $x=15\,mm$
Würfel mit irrationaler Kantenlänge x: c)

2

a) $\sqrt[3]{64}<\sqrt[3]{90}<\sqrt[3]{125}$ b) $\sqrt[3]{216}<\sqrt[3]{270}<\sqrt[3]{343}$
$\sqrt[3]{4^3}<\sqrt[3]{90}<\sqrt[3]{5^3}$ $\sqrt[3]{6^3}<\sqrt[3]{270}<\sqrt[3]{7^3}$
$4<\sqrt[3]{90}<5$ $6<\sqrt[3]{270}<7$
c) $\sqrt[3]{343}<\sqrt[3]{444}<\sqrt[3]{512}$
$\sqrt[3]{7^3}<\sqrt[3]{444}<\sqrt[3]{8^3}$
$7<\sqrt[3]{444}<8$

3

a)

x	5	6	8	1	4	7
x^3	125	216	512	1	64	343
$\sqrt[3]{x}$	1,71	1,82	2	1	1,59	1,91

b)

x	5	2	1,1	1	1024	3,21
x^5	125	32	1,61051	1	$1,13\cdot10^{15}$	343
$\sqrt[5]{x}$	1,71	1,15	1,02	1	4	1,26

4

a) $\sqrt[3]{1296}=\sqrt[3]{16\cdot81}=\sqrt[3]{2^4\cdot3^4}=6\cdot\sqrt[3]{6}$
b) $\sqrt[3]{100\,000}=\sqrt[3]{10^5}=10\cdot\sqrt[3]{100}$
c) $\sqrt[3]{0,0625}=\sqrt[3]{0,5^4}=0,5\cdot\sqrt[3]{0,5}$
d) $\sqrt[3]{27x^5}=\sqrt[3]{3^3x^5}=3x\cdot\sqrt[3]{x^2}$ e) $\sqrt[4]{4802}=7\sqrt[4]{2}$
f) $\sqrt[7]{256}=\sqrt[7]{2^8}=2\cdot\sqrt[7]{2}$ g) $\sqrt[11]{6144}=2\sqrt[11]{3}$

5

a) Kantenlänge des Würfels: x
$x^3=7\,l=7\,dm^3=7000\,cm^3$; $x=\sqrt[3]{7000}\,cm\approx19,13\,cm$
b) $x=\sqrt[3]{35\,000}\,cm\approx32,71\,cm$
c) $\sqrt[3]{5}$

6

$3\cdot3\cdot3=27$ Würfelteile
Kantenlänge Teilwürfel: $x=\frac{\sqrt[3]{190,11}}{27}\,cm=\frac{1}{3}\sqrt[3]{190,11}\,cm\approx1,92\,cm$

Wurzeln | Merkzettel, Seite 20

▨ **Text:** negativ;   irrationale;   Intervallen
Beispiele: 13, da $13\cdot13=169$;   1,41, da $1,41\cdot1,41\approx2$
2,83, da $2,83\cdot2,83\approx8$;   4, da $4\cdot4\cdot4=64$
3;   1,55;   1,35

▨ **Beispiele:** rationale;   irrationale

▨ **Beispiele:** $\sqrt{16}=4$ $\sqrt{\frac{8}{2}}=\sqrt{4}=2$
$(2+4)\cdot\sqrt{5}=6\cdot\sqrt{5}$ $2\cdot\sqrt{2}$

Üben und Wiederholen | Training 1, Seite 21

1

a) z.B.: $P(-33|-380)$ $Q(-30|-341)$ $R(-28|-315)$
b) z.B.: $P(-33|25,75)$ $Q(-30|23,25)$ $R(-27|20,75)$
c) z.B.: $P(-33|-78,06)$ $Q(-30|-71,31)$ $R(-28|-66,81)$

2

a) (1') $y = 4,5 - \frac{1}{4}x$

(2') $y = \frac{1}{2}x$

Lösung: (6 | 3)
Probe:
(1) 6 + 4 · 3 = 18
(2) −3 · 6 + 6 · 3 = 0

b) (1') $y = 4 - \frac{1}{2}x$

(2') $y = 2x - 1$

Lösung: (2 | 3)
Probe:
(1) 2 + 2 · 3 = 8
(2) 2 · 2 − 3 = 1

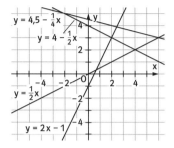

3

und	$y = -\frac{5}{6}x + 10,5$	$3y - 6 = 2x$
$2y - 2x = 10$	(3 | 8)	(−9 | −4)
$y = -1,5x + 8,5$	(−3 | 13)	(3 | 4)

4

a) $\sqrt{225} = 15$

c) $\sqrt{81} = 9$

e) $\sqrt{576} = 24$

b) $\sqrt[3]{125} = 5$

d) $13 = \sqrt{169}$

f) $\sqrt[3]{64} = 4$

5

a) $\sqrt{324}$

d) $\sqrt{4,84}$

g) $\sqrt{1,021}$

b) $\sqrt{1521}$

e) $\sqrt{20,25}$

h) $\sqrt{0,0001}$

c) $\sqrt{40\,000}$

f) $\sqrt{1,5625}$

i) $\sqrt{0,000\,004}$

6

a) V = 5 cm³; $x = \sqrt[3]{5}$ cm ≈ 1,71 cm

b) V = 36 cm³; $x = \sqrt[3]{36}$ cm ≈ 3,30 cm

c) V = 512 cm³; $x = \sqrt[3]{512}$ cm = 8 cm

d) V = 0,06 cm³; $x = \sqrt[3]{0,06}$ cm ≈ 0,39 cm

Die Kantenlänge des Würfels bei Teilaufgabe c) hat eine natürliche Maßzahl.

Zinsrechnung (1), Seite 22

1

a) 87,50 €   b) 36 000 €   c) 300 Tage   d) 2 %

2

Die Bank rechnet mit einem Überziehungszinssatz von 14,75 %.

3

Frau Meyer hatte sich 1000 € von der Bank geliehen.

4

Sofortzahlung:
Preis der Ware: 0,97 · 5300 € = 5141 €; Ersparnis: 159 €
Zinsen für Dispositionskredit für 15 Tage:

$5300 € · 0,144 · \frac{15}{360} = 31,80 €$

Wenn Frau Herforth sofort zahlt, muss sie zwar 31,80 € Zinsen zahlen. Aber da sie das Skonto abzieht, zahlt sie 159 € weniger. Es ist also günstiger, sofort zu zahlen, da sie dadurch insgesamt 127,20 € weniger zahlt, als bei einer späteren Zahlung.

5

	im 1. Jahr	im 2. Jahr	im 3. Jahr
Schulden ohne Zinsen	50 000 €	52 500 Euro	55 125 €
Zinsen	2500 Euro	2625 €	2756,25 €
Schulden mit Zinsen	52 500 Euro	55 125 €	57 881,25 €

	im 4. Jahr	im 5. Jahr	nach 5 Jahren
Schulden ohne Zinsen	57 881,25 €	60 775,31 €	63 814,08 €
Zinsen	2894,06 €	3038,77 €	
Schulden mit Zinsen	60 775,31 €	63 814,08 €	

6

Gesamtkosten bei „Gut & Günstig":
2600 € + 36 · 185,10 € + 5200 € = 14 463,60 €
Gesamtkosten bei „Reich & Reichlich":
Die Zinsen bei „Reich & Reichlich" sind 624 € im Jahr.
13 000 € + 3 · 624 € = 14 872 €
Für Herrn Schnell ist das Angebot „Gut & Günstig" besser, er spart 408,40 €.
Wenn er bei seiner Bank den Kredit in drei Jahresraten zurückzahlen will, sind das pro Jahr 4957,33 €. Herr Schnell muss hierfür jeden Monat 413,11 € zurücklegen.

Zinsrechnung (2), Seite 23

1

a) Wenn sich das Kapital in 3 Monaten um 50 € erhöht, so erhöht es sich in einem Jahr um das Vierfache, also um 200 €. Dividiert man diese Jahreszinsen durch den Grundwert von 2500 €, erhält man den Zinssatz als Dezimalbruch: 0,08. Das entspricht einem Prozentsatz von 8 %.

b) Paul hat 100 € Zinsen gezahlt. Stellt man die Zinsformel um, so erhält man t = (Z · 100 · 360) : (K · p). Daraus folgt
t = (100 € · 100 · 36) : (2500 € · 7,2) = 200.
Er hat also das Geld nach 200 Tagen zurückgezahlt.

2

	a)	b)	c)
Guthaben in €	200,00 €	300,00 €	800,00 €
Zinssatz	1 %	2,5 %	3 %
Jahreszinsen in €	2,00 €	75,00 €	24,00 €
Monatliche Zinsen in €	0,17 €	0,63 €	2,00 €

	d)	e)	f)
Guthaben in €	500,00 €	700,00 €	10 000 €
Zinssatz	1,2 %	13,4 %	0,8 %
Jahreszinsen in €	6,00 €	93,80 €	80 €
Monatliche Zinsen in €	0,50 €	7,82 €	6,67 €

3

a) 21 500 € — 100 %
215 €   — 1 %
967,50 €   — 4,5 %

b) 31,50 €
Es fehlen 31,50 €.

4

a) 37,50 €

c) 1326,13 € gesamt; 38,63 € mehr

b) 3 %

Zinseszins. Zuwachssparen, Seite 24

1

	Kapital in €	Zinsen in €	Summe in €
1 Jahr	200,00	4,00	200,00 + 4,00 = 204,00
2 Jahre	200,00 + 204,00 = 404,00	8,08	412,08
3 Jahre	200 + 412,08 = 612,08	12,24	624,32
4 Jahre	824,32	16,49	840,81

	Kapital in €	Zinsen in €	Summe in €
1 Jahr	200,00	8,00	200,00 + 8,00 = 208,00
2 Jahre	200,00 + 208,00 = 408,00	16,32	424,32
3 Jahre	624,32	24,97	649,29
4 Jahre	849,29	33,97	883,26

Oma Weitsichtig hat recht. Der Enkel bekommt mehr als doppelt so viel Zinsen.

2

In die Lücken werden der Reihe nach eingetragen:
8 (Jahre);   500 (€);   (Zinsfaktor) 1,035;   8 (-mal);
$500 € \cdot 1,035^8$;   658,40 (€);   31,68 (%)

3

a) $10\,000 € \cdot 1,023 \cdot 1,028 \cdot 1,03 = 10\,831,93 €$
Die Zinsen von Marina betragen 10,831,93 €.
b) $5000 € \cdot 1,023 \cdot 1,028 \cdot 1,03 \cdot 1,0325 = 5591,99 €$
Daniel bekommt nach vier Jahren 5591,99 € ausgezahlt.
c) Manuel bekommt nach sechs Jahren 8705,21 € ausgezahlt.
d)

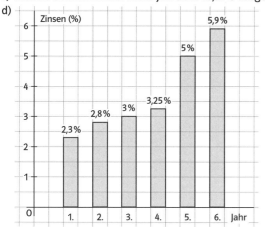

e) Das Verhältnis der Säulen untereinander stimmt in der von der Bank gewählten Grafik nicht.
Die Darstellung erweckt den Eindruck, dass die Zinsen (und somit auch das Kapital) von Jahr zu Jahr viel stärker steigen, als es tatsächlich der Fall ist.

Zinsen | Merkzettel, Seite 25

▨ **Text:** Teile;   Zeitfaktor;   360;   30

Beispiele: 20;   2,8;   2400; $20 \cdot \frac{100}{2,8} \cdot \frac{360}{2400} = 107$

▨ **Text:** mehrere;   End

Beispiele: $K_n = 3000 € \cdot \left(1 + \frac{3,4}{100}\right)^4 = 3429,28 €$

▨ **Text:** Zinssätze

Beispiele: $K_n = 10\,000 € \cdot \left(1 + \frac{3}{100}\right) \cdot \left(1 + \frac{3,5}{100}\right) = 10\,660,50 €$

▨ **Text:** 3000;   monatlichen

Beispiele:

$K_n = 24\,000 € + 24\,000 € \cdot \frac{0,9}{100} \cdot 30 + \frac{1,8}{100} \cdot 24\,000 € = 30\,912 €$

▨ **Text:** Raten;   Kaufpreis

Beispiele: $\frac{1500 € + \frac{0,56}{100} \cdot 1500}{24} = 62,85 €$

Zentrische Streckung, Seite 26

1

b) $k = 0,9 = 90\,\%$ c) $k = 1,7 = 170\,\%$ d) $k = 0,4 = 40\,\%$

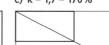

2

b) Seitenlängen: vorher: 3 cm; 2 cm   nachher: 2,7 cm; 1,8 cm
Flächeninhalt: vorher: 6 cm² nachher: 4,86 cm²
Faktor f = 0,81
c) Seitenlängen: vorher: 2 cm; 1 cm   nachher: 3,4 cm; 1,7 cm
Flächeninhalt: vorher: 2 cm² nachher: 5,78 cm²
Faktor f = 2,89
d) Seitenlängen: vorher: 3 cm; 2 cm   nachher: 1,2 cm; 0,8 cm
Flächeninhalt: vorher: 6 cm² nachher: 0,96 cm²
Faktor f = 0,16

3

1 gehört zu D; Faktor 0,75   2 gehört zu C; Faktor $\frac{2}{3}$
3 gehört zu A; Faktor $\frac{1}{2}$ 4 gehört zu B; Faktor $\frac{4}{3}$
Figur E bleibt übrig.

4

Vergrößerungsfaktor 2

Ähnliche Figuren (1), Seite 27

1

Dreieck	$\frac{a}{b}$	$\frac{b}{c}$	$\frac{a}{c}$
1	$\frac{6}{2} = 3$	$\frac{2}{6} = \frac{1}{3}$	$\frac{6}{6} = 1$
2	$\frac{3}{1} = 3$	$\frac{1}{3}$	$\frac{3}{3} = 1$
3	$\frac{3}{3} = 1$	$\frac{3}{4}$	$\frac{3}{4}$
4	$\frac{3}{3} = 1$	$\frac{3}{3} = 1$	$\frac{3}{3} = 1$

Die Dreiecke 1 und 2 sind ähnlich.

2

(siehe Fig. 1)
Die Streckfaktoren sind 1,5; 1,2 und 0,5.

3

(1): 2,3   (2): 2,2   (3): 2,2   (4): 2   (5): 3   (6): 5
Die Rechtecke (2) und (3) sind ähnlich.

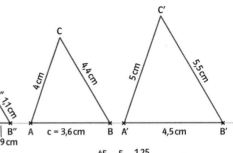

$$k = \frac{5}{2} = 2,5 \qquad k = \frac{1}{2} = 0,5$$

Ähnliche Figuren (2), Seite 28

1

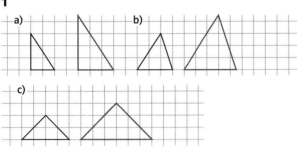

a) 90°;   56°;   34°   b) 56°;   72°;   52°
c) 45°;   45°;   90°

2

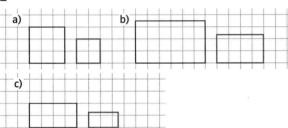

3

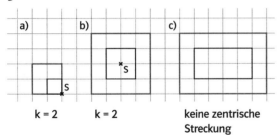

k = 2   k = 2   keine zentrische
                          Streckung

4

a)

b) Vergrößerungsfaktor: $\frac{45}{36} = \frac{5}{4} = \frac{1,25}{1}$;   a' = 5,5 cm;
b' = 5 cm

c) Vergrößerungsfaktor: $\frac{11}{44} = \frac{1}{4} = \frac{0,25}{1}$;   b'' = 1 cm;

c'' = 0,9 cm

Strahlensätze (1), Seite 29

1

a) $\frac{\overline{SA}}{\overline{SP}} = \frac{\overline{SB}}{\overline{SQ}} = \frac{\overline{AB}}{\overline{PQ}}$; $\frac{\overline{BQ}}{\overline{SB}} = \frac{\overline{AP}}{\overline{SA}}$ b) $\frac{x}{y} = \frac{r}{s}$; $\frac{x}{x+y} = \frac{r}{r+s} = \frac{p}{q}$

2

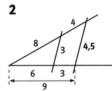

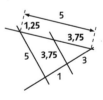

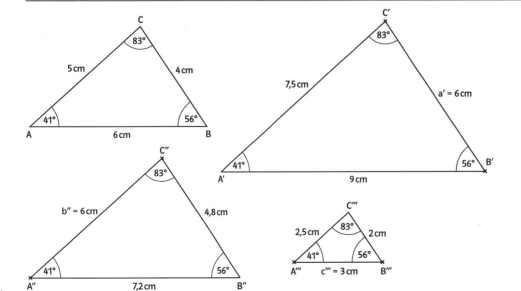

Fig. 1

3

a) $\frac{x}{4\,cm} = \frac{3\,cm}{5\,cm}$; $x = 2,4\,cm$; $\frac{y}{2\,cm} = \frac{5\,cm}{3\,cm}$; $y = 3,33\,cm$

b) $\frac{x}{3\,cm} = \frac{12\,cm}{x}$; $x = 6\,cm$; $\frac{y}{12\,cm} = \frac{6\,cm}{6\,cm}$; $y = 12\,cm$

4

a) $\overline{SQ}$ 13,$\overline{3}$ cm; $\overline{PQ}$ 5 cm; $\left(k = \frac{5}{3}\right)$

b) $\overline{SP}$ 6 mm; $\overline{SB}$ 4 mm; $(k = 2)$

c) $\overline{SA}$ 2 dm; $\overline{SQ}$ 22,5 cm; $(k = 1,5)$

d) $\overline{SP}$ 14 dm; $\overline{AB}$ 60 cm; $(k = 1,4)$

Strahlensätze (2), Seite 30

1

$\frac{b+c}{b} = \frac{e+f}{e} = \frac{i}{h}$ $\frac{h}{i} = \frac{b}{b+c} = \frac{e}{e+f}$

$\frac{i}{b+c} = \frac{h}{b} = \frac{g}{d}$ $\frac{b}{e} = \frac{a}{d} = \frac{c}{f} = \frac{b+c}{e+f}$

2

$\frac{x}{1,4\,cm} = \frac{6\,cm}{2\,cm}$; $x = 4,2\,cm$

$\frac{y}{6\,cm} = \frac{6,7\,cm - y}{2\,cm}$; $2\,cm \cdot y = 40,2\,cm^2 - 6\,cm \cdot y$;

$8\,cm \cdot y = 40,2\,cm^2$

$y \approx 5,0\,cm$

$\frac{z}{8,2\,cm} = \frac{2\,cm}{6\,cm}$; $z \approx 2,7\,cm$

3

$\frac{x}{9\,m} = \frac{2\,m}{6\,m}$; $x = 3\,m$

Fatih: $\frac{y_1}{15\,m} = \frac{9\,m - x}{9\,m} = \frac{6\,m}{9\,m}$; $y_1 = 10\,m$

$\frac{y_2}{6\,m} = \frac{9\,m - x}{9\,m} = \frac{6\,m}{9\,m}$; $y_2 = 4\,m$

Also: $y = y_1 + y_2 = 10\,m + 4\,m = 14\,m$

Lazaros: $\frac{y}{21\,m} = \frac{9\,m - x}{9\,m} = \frac{6\,m}{9\,m}$; $y = 14\,m$

Überlegung zu Lazaros' Idee:

Aus $\frac{y_1}{15\,m} = \frac{2}{3}$ und $\frac{y_2}{6\,m} = \frac{2}{3}$ folgt $y_1 = \frac{2}{3} \cdot 15\,m$ und $y_2 = \frac{2}{3} \cdot 6\,m$

$y_1 + y_2 = \frac{2}{3} \cdot 15\,m + \frac{2}{3} \cdot 6\,m = \frac{2}{3} \cdot (15\,m + 6\,m)$

$\frac{y_1 + y_2}{15\,m + 6\,m} = \frac{2}{3}$

Strahlensatz: In jeder Strahlensatzfigur mit drei oder mehr Strahlen verhalten sich die Abschnitte auf den Parallelen wie die vom Anfangspunkt aus gemessenen entsprechenden Abschnitte auf jedem Strahl.

Lesen und Lösen, Seite 31

1

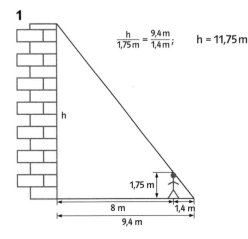

$\frac{h}{1,75\,m} = \frac{9,4\,m}{1,4\,m}$; $h = 11,75\,m$

2

a) Bild wird größer.   b) Bild wird kleiner.   c) 60 cm

3

a) Schatten wird kleiner.

b) Der Schatten ist dann doppelt so groß wie sie.

c) 5,30 m

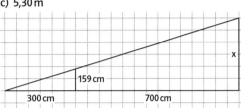

4

Es fehlt die Entfernung des Kirchturms.

Ähnlichkeit. Strahlensätze | Merkzettel, Seite 32

■ **Text:** >;   <; k^2; k^3

Beispiele: 4;   16;   4

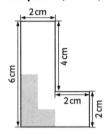

■ **Beispiele:** 2

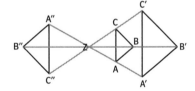

■ **Text:** ähnliche;   Winkeln;   Seiten

Beispiele: $\frac{b}{b'} = \frac{c}{c'} = \frac{d}{d'}$; β'; γ'; δ'

■ **Text:** $\frac{\overline{SB}}{\overline{SB'}}$; $\frac{\overline{AB}}{\overline{A'B'}}$; $\frac{\overline{SB}}{\overline{SB'}}$

Üben und Wiederholen | Training 2, Seite 33

1

a) A   b) C   c) –   d) A   e) B

f) –   g) –   h) –   i) C   j) B

2

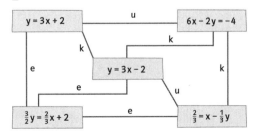

3

a) (2) $y = 4x - 5;$ Einsetzungsverfahren

b) (2) $-4x + 3 = y;$ Gleichsetzungsverfahren

c) (2) $y = 3x - 1,5;$ Einsetzungsverfahren

d) (2) $x = -y + \frac{3}{2};$ Einsetzungsverfahren

4

Es gehören jeweils zusammen:

(1) $-2x + 12y = 108$ (1) $56x = 8y + 216$

(2) $2x + 7y = 44$ (2) $9x + 8y = 109$

(1) + (2): $19y = 152$ (1) + (2): $165x = 325$

Lösung: $(-6 \mid 8)$ Lösung: $(5 \mid 8)$

(1) $x + 3y = 22$ (1) $6x + 8y - 26 = 0$

(2) $2x + 3y = 23$ (2) $9x = 57 - 3y$

(1) + (2): $x = 1$ (1) + (2): $-18y = 36$

Lösung: $(1 \mid 7)$ Lösung: $(7 \mid -2)$

5

a) 144   b) $\frac{4}{49} \approx 0{,}082$ c) 12,25   d) 0,0625

e) 3,317   f) 31,607   g) 4,717   h) 1,221

6

a) $5\sqrt{3}$ b) $10\sqrt{5}$ c) $8 - 2\sqrt{15}$ d) $11 - 13 = -2$

7

a) Seitenlänge eines Quadrats mit $A = 8\,\text{cm}^2$: $\approx 2{,}83\,\text{cm}$
Kantenlänge eines Würfels mit $V = 18\,\text{cm}^3$: $\approx 2{,}62\,\text{cm}$
Die Seitenlänge des Quadrats ist größer.
b) Seitenlänge eines Quadrats mit $A = 28\,\text{cm}^2$: $\approx 5{,}29\,\text{cm}$
Kantenlänge eines Würfels mit $V = 180\,\text{cm}^3$: $\approx 5{,}65\,\text{cm}$
Die Seitenlänge des Quadrats ist kleiner.
c) Seitenlänge eines Quadrats mit $A = 38\,\text{cm}^2$: $\approx 6{,}16\,\text{cm}$
Kantenlänge eines Würfels mit $V = 238\,\text{cm}^3$: $\approx 6{,}20\,\text{cm}$
Die Seitenlänge des Quadrats ist kleiner.

Üben und Wiederholen | Training 2, Seite 34

8

Formel: $\frac{W}{p\%} = \frac{W \cdot 100}{p};$ Stefan hatte sein Konto um 2000 € überzogen.

9

a) Zinsfaktor: 1,1   b) 8 Jahre

c) Peters Behauptung ist falsch. 2000 € Grundkapital übersteigen das Doppelte (4000 €) auch erst nach 8 Jahren.
2000 € zu 1,1 % verzinst:
2000 € → 2200 € → 2420 € → 2662 € → 2928,20 € → 3221,02 € → 3543,12 € → 3897,43 € → 4287,18 €

10

Zinssatz im ersten Unternehmen: 13,68 %; Zinssatz im zweiten Unternehmen: 25,33 %

11

a) 2,5   b) 310   c) $\frac{1}{30\,000}$ d) $\frac{1}{20\,000} = 0{,}000\,05$

12

Der Streckfaktor ist 21. Der Hund ist in Wirklichkeit 31,5 cm groß.

13

Aufgrund der Strahlensätze gilt:

$\frac{y}{30} = \frac{50}{40};$ daraus folgt $y = 37{,}5\,\text{m}$ und

$\frac{x}{50} = \frac{10}{40};$ daraus folgt $x = 12{,}5\,\text{m}$.

14

Der Baum ist $4{,}00\,\text{m} + 1{,}70\,\text{m} = 5{,}70\,\text{m}$ hoch.

Kathetensatz, Seite 35

1

	a	b	c	p	q
a)	4,6 cm	5,3 cm	7 cm	3 cm	4 cm
b)	6,6 cm	8,8 cm	11 cm	4 cm	7 cm
c)	3 cm	4 cm	5 cm	1,8 cm	3,2 cm
d)	6 cm	6,7 cm	9 cm	4 cm	5 cm

2

I bis IV

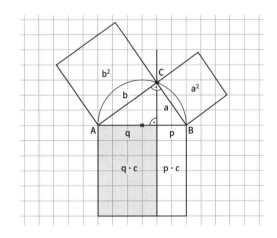

3

Eingesetzt werden: -abschnitt, Kathete, b^2 und a^2.

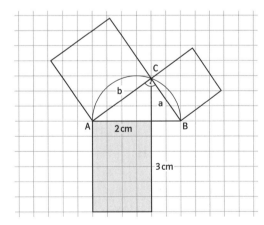

4

$b = \sqrt{6}\,\text{cm} \approx 2{,}45\,\text{cm}$
$\sqrt{8}\,\text{cm}$: $q \cdot c = 2\,\text{cm} \cdot 4\,\text{cm}$
$\sqrt{8}\,\text{cm} \approx 2{,}8\,\text{cm}$

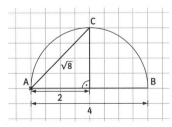

Möglich ist auch die Konstruktion von $q \cdot c = 1\,\text{cm} \cdot 8\,\text{cm}$.

Höhensatz, Seite 36

1

	a)	b)	c)	d)	e)
p	3,2	2,7	5	2,4	5,4
q	5	0,3	5	12,6	1,9
h	4	0,9	5	5,5	3,2
a	5,1	2,8	7,1	6,0	6,3
b	6,4	0,9	7,1	13,8	3,7
c	8,2	3	10	15,0	7,3

2
a) $f^2 = e \cdot d$ b) $h^2 = q \cdot (c - q)$

3
Die richtige Reihenfolge lautet: VI → V → IV → II → III → I
Fehler bei I, richtig ist: c = 15 cm

4
h = 30 mm

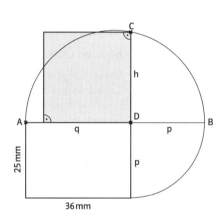

5
a) $b^2 = r \cdot s$ (HS)   b) $c^2 = s \cdot (r + s)$ (KS)
c) $a^2 = p \cdot q$ (HS)   d) $q \cdot (p + q) = b^2$ (KS)
e) $r^2 = p \cdot (p + q)$ (KS)
f) z.B. $(p + q)^2 = r \cdot (r + s)$ (KS) oder $b^2 = q \cdot (p + q)$ (KS)

6

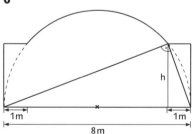

$h^2 = 1\,m \cdot 7\,m = 7\,m^2$;   h ≈ 2,64 m
Maximale Höhe: etwa 2,60 m

Der Satz des Pythagoras, Seite 37

1
Farbig markiert wird
a) c   b) d   c) h   d) a
Der rechte Winkel liegt bei
a) C   b) D   c) H   d) A

2
a) $a^2 + b^2 = c^2$ b) $e^2 + f^2 = d^2$
c) $k^2 + g^2 = h^2$ d) $b^2 + c^2 = a^2$

3
b) $d^2 = e^2 + f^2 = (6\,cm)^2 + (8\,cm)^2 = 36\,cm^2 + 64\,cm^2 = 100\,cm^2$;
d = 10 cm
c) $k^2 = h^2 - g^2 = (8\,cm)^2 - (6\,cm)^2 = 64\,cm^2 - 36\,cm^2 = 28\,cm^2$;
k = 5,29 cm
d) $c^2 = a^2 - b^2 = (11\,cm)^2 - (10\,cm)^2 = 121\,cm^2 - 100\,cm^2 = 21\,cm^2$;
c = 4,58 cm

4
a) Hypotenuse 11,2 cm   b) zweite Kathete 10,2 cm
c) erste Kathete 17,2 m   d) zweite Kathete 240 cm
e) Hypotenuse 101 cm   f) zweite Kathete 8 mm
g) Hypotenuse 2,2 km

5
Hypotenuse etwa 3,2 cm;
$\sqrt{10}$ ≈ 3,1623

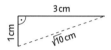

6
Näherungswert:
$\sqrt{18}\,cm$ ≈ 4,2 cm;
$\sqrt{18}$ ≈ 4,2426

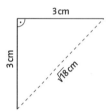

Satz des Pythagoras in geometrischen Figuren (1), Seite 38

1
a) a = 4,24 cm;   h = 2,12 cm
b) Als Hilfslinie zeichnet man die fehlende Seite des Rechtecks,
dann kann man die Seite x im oben entstehenden Dreieck mit
dem Pythagoras berechnen:
$x^2 + (2\,cm)^2 = (3,6\,cm)^2$
$x^2 + 4\,cm^2 = 12,96\,cm^2$
$x^2 = 8,96\,cm^2$ x ≈ 2,99 cm
c) $x^2 = (5\,cm - 1\,cm)^2 + (5\,cm - 1\,cm)^2$
$x^2 = 32\,cm^2$ x = 5,66 cm

2
a) 40%
$A_{ADB} = \frac{1}{2} \cdot 4\,cm \cdot 2,5\,cm = 5\,cm^2$; $A_{BEC} = \frac{1}{2} \cdot 5\,cm \cdot 2\,cm = 5\,cm^2$;
$A_{ACF} = \frac{1}{2} \cdot 2\,cm \cdot 2,5\,cm = 2,5\,cm^2$
$A_{orange} = 4\,cm \cdot 5\,cm - A_{ADB} - A_{BEC} - A_{ACF}$
$= 20\,cm^2 - 5\,cm^2 - 5\,cm^2 - 2,5\,cm^2 = 7,5\,cm^2$
Der gefärbte Anteil beträgt 37,5%.
b) $\overline{AB}^2 = (4\,cm)^2 + (2,5\,cm)^2$; $\overline{AB}$ ≈ 4,7 cm
$\overline{BC}^2 = (5\,cm)^2 + (2\,cm)^2$; $\overline{BC}$ ≈ 5,4 cm
$\overline{CA}^2 = (2\,cm)^2 + (2,5\,cm)^2$; $\overline{CA}$ ≈ 3,2 cm
$u = \overline{AB} + \overline{BC} + \overline{CA}$ ≈ 13,3 cm

3
Die zweite Seite ist 12 cm lang.
$d^2 = (20\,cm)^2 + (12\,cm)^2 = 544\,cm^2$
d ≈ 23,3 cm
Die Diagonale ist etwa 23,3 cm lang.

4

$(f_1)^2 = (3,6\,\text{cm})^2 - (2\,\text{cm})^2;$ $f_1 \approx 2,99\,\text{cm}$

$f_2 = 5\,\text{cm} - f_1 \approx 2,01\,\text{cm}$

$b^2 = (2\,\text{cm})^2 + f_2^2;$ $b \approx 2,83\,\text{cm}$

$A = 2 \cdot \frac{1}{2} \cdot f_2 \cdot \frac{e}{2} + 2 \cdot \frac{1}{2} \cdot f_1 \cdot \frac{e}{2} = f_2 \cdot \frac{e}{2} + f_1 \cdot \frac{e}{2} = f \cdot \frac{e}{2} = \frac{1}{2} \cdot e \cdot f$

$= \frac{1}{2} \cdot 4\,\text{cm} \cdot 5\,\text{cm} = 10\,\text{cm}^2$

Satz des Pythagoras in geometrischen Figuren (2), Seite 39

1

a) $d = 5\,\text{cm};$ $e = 13\,\text{cm}$

b) Die Zwischenrechnung für die Flächendiagonale d ergibt:

$d = \sqrt{a^2 + b^2} = \sqrt{5^2 + 5^2}\,\text{cm} = \sqrt{50}\,\text{cm} \approx 7,07\,\text{cm}.$

Länge der Raumdiagonalen e:

$e = \sqrt{c^2 + d^2} = \sqrt{10^2 + 50}\,\text{cm} = \sqrt{150}\,\text{cm} \approx 12,25\,\text{cm}$

2

Raumdiagonale der Schachtel:

$d_R = \sqrt{(12,7\,\text{cm})^2 + (5\,\text{cm})^2 + (2,6\,\text{cm})^2} = \sqrt{188,89\,\text{cm}^2} = 13,74\,\text{cm}$

Die Nadel passt nicht in die Schachtel.

3

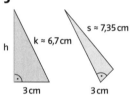

a) $k = \sqrt{h^2 + \left(\frac{a}{2}\right)^2} = \sqrt{6^2 + 3^2}\,\text{cm} = \sqrt{45}\,\text{cm} \approx 6,7\,\text{cm}$

$s = \sqrt{k^2 + \left(\frac{a}{2}\right)^2} = \sqrt{45 + 3^2}\,\text{cm} = \sqrt{54}\,\text{cm} \approx 7,35\,\text{cm}$

b) $O_{\text{Pyramide}} = (6\,\text{cm})^2 + 4 \cdot \frac{1}{2} \cdot 6\,\text{cm} \cdot \sqrt{45}\,\text{cm} \approx 116,50\,\text{cm}^2$

c) Die Summe aller Kantenlängen beträgt etwa
$4 \cdot 6\,\text{cm} + 4 \cdot 7,35\,\text{cm} = 53,40\,\text{cm}.$

d) Der Flächeninhalt einer dreieckigen Seitenfläche beträgt:

$\frac{1}{4} \cdot (O - G) = \frac{1}{4} \cdot 100\,\text{cm}^2 - (6\,\text{cm})^2 = 16\,\text{cm}^2$

Hieraus lässt sich die Höhe k eines der Seitendreiecke

berechnen: $16\,\text{cm}^2 = \frac{1}{2} \cdot 6\,\text{cm} \cdot k,$ also ist $k \approx 5,33\,\text{cm}.$

Die gesuchte Höhe h der Pyramide ist somit:

$h = \sqrt{k^2 - \left(\frac{a}{2}\right)^2} = \sqrt{5,33^2 - 3^2}\,\text{cm} \approx 4,41\,\text{cm}.$

Anwendungen, Seite 40

1

	a	b	c	h	Giebelfläche	Volumen
a)	10 m	5 m	6,5 m	6 m	15 m²	150 m³
b)	7 m	4 m	5,4 m	5 m	10 m²	70 m³

2

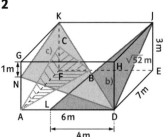

a) $\overline{AB} = \sqrt{53}\,\text{m}$ $\overline{BC} = \sqrt{6,25}\,\text{m} = 2,5\,\text{m}$ $\overline{AC} = \sqrt{51,25}\,\text{m}$

b) Es gibt mehrere Möglichkeiten; ein solches Dreieck ist z. B. das Dreieck LDJ (siehe Skizze). Für die Dreiecksseiten gilt:
$\overline{LD} = 4\,\text{cm};$ $\overline{DJ} = \sqrt{58}\,\text{cm};$ $\overline{LJ} = \sqrt{74}\,\text{cm}.$

c) Es gibt vier solche Dreiecke, je eins zu jeder der vier Raumdiagonalen, z. B. das Dreieck KND (siehe Skizze). Für die Dreiecksseiten gilt:
$\overline{KN} = \sqrt{50}\,\text{cm};$ $\overline{DN} = \sqrt{40}\,\text{cm};$ $\overline{KD} = \sqrt{94}\,\text{cm}.$

3

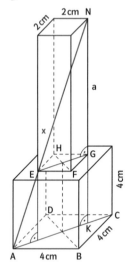

a) $V_{\text{Würfel}} = 64\,\text{cm}^3$

halbes Würfelvolumen: $32\,\text{cm}^3$

Höhe des Quaders: $a = \frac{32\,\text{cm}^3}{(2\,\text{cm})^2} = 8\,\text{cm}$

Um die Länge der Strecke x im Dreieck AKN zu bestimmen, muss zuerst die Länge der Strecke $\overline{AK}$ berechnet werden.

$\overline{KC} = \frac{1}{2} \cdot (\overline{AC} - \overline{EG}) = \frac{1}{2} \cdot (4\sqrt{2} - 2\sqrt{2})$

$= \sqrt{2}\,\text{cm}$ und somit

$\overline{AK} = \overline{EG} + \overline{KC} = 3\sqrt{2}\,\text{cm}$

Der Satz des Pythagoras im Dreieck AKN ergibt
$x = \sqrt{162}\,\text{cm} = 9 \cdot \sqrt{2}\,\text{cm} \approx 12,73\,\text{cm}.$

b) Man berechnet zuerst die Längen der Strecken $\overline{AE}$ und $\overline{EN}$. Ist die Summe dieser Längen gleich groß wie die Länge der Strecke $\overline{AN}$, so liegen die Punkte A, E und N auf einer Geraden bzw. die orange Linie geht durch die Ecke E des Quaders.

$\overline{AE} = \sqrt{2 + 4^2}\,\text{cm} = \sqrt{18}\,\text{cm} = 3\sqrt{2}\,\text{cm}$

$\overline{EN} = \sqrt{(2\sqrt{2})^2 + 8^2}\,\text{cm} = \sqrt{72}\,\text{cm} = 6\sqrt{2}\,\text{cm}$

Aus $3\sqrt{2}\,\text{cm} + 6\sqrt{2}\,\text{cm} = 9\sqrt{2}\,\text{cm}$ folgt $\overline{AE} + \overline{EN} = \overline{AN}.$

Satzgruppe des Pythagoras | Merkzettel, Seite 41

■ **Text:** Flächeninhalt; $a^2 = p \cdot c;$ $b^2 = q \cdot c$

Beispiele: $a^2 = p \cdot c$

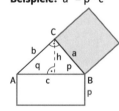

■ **Text:** Flächeninhalt; $h^2 = p \cdot q$
Beispiele:

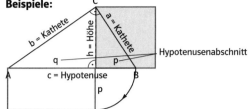

■ **Text:** Hypotenuse; $a^2 + b^2 = c^2$
Beispiele:

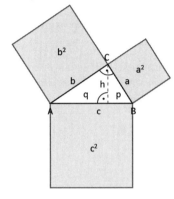

■ **Beispiele:** $d \approx 5{,}66\,\text{cm}$; $h \approx 3{,}46\,\text{cm}$; $D \approx 6{,}93\,\text{cm}$

Prisma und Zylinder (1), Seite 42

1
a) Berechnung der Kantenlänge x des Würfels:
$O = 6 \cdot a^2$;   also ist $6 \cdot a^2 = 96\,\text{cm}^2$;   daraus folgt $a = 4\,\text{cm}$.
Volumen $V = (4\,\text{cm})^3 = 64\,\text{cm}^3$
b)

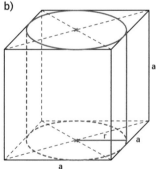

Der Zylinder hat eine Höhe $a = 4\,\text{cm}$ und den Radius $\frac{a}{2} = 2\,\text{cm}$.
Seine Oberfläche beträgt: $O = 2 \cdot \pi \cdot 2 \cdot (4 + 2)\,\text{cm}^2 \approx 75{,}40\,\text{cm}^2$.
Das Volumen ist: $V = \pi \cdot (2\,\text{cm})^2 \cdot 4\,\text{cm} \approx 50{,}27\,\text{cm}^3$.

2
a) Da das Schiff im Maßstab 1 : 2000 gezeichnet ist, beträgt die Länge des Schiffes 120 m.
b) $M = 2 \cdot \pi \cdot 2\,\text{m} \cdot 27\,\text{m} \approx 339{,}29\,\text{m}^2$
c) $V = \pi \cdot (2\,\text{m})^2 \cdot 27\,\text{m} \approx 339{,}29\,\text{m}^3$

3
a) $V_{\text{Schachtel}} = 8 \cdot 8 \cdot 10\,\text{cm}^3 = 640\,\text{cm}^3$
b) $V_{\text{Creme}} = 3{,}75^2 \cdot \pi \cdot 9{,}5\,\text{cm}^3 \approx 419{,}7\,\text{cm}^3$
c) Die Abweichung im Beispiel beträgt etwa 34,4 %. Es handelt sich um eine Mogelpackung.

4
siehe Tabelle 1

Prisma und Zylinder (2), Seite 43

1
Fläche des Trapezes: $\frac{1}{2} \cdot (17\,\text{m} + 12\,\text{m}) \cdot 3\,\text{m} = 43{,}50\,\text{m}^2$
Volumen des Damms: $43{,}50\,\text{m}^2 \cdot 5000\,\text{m} = 217\,500\,\text{m}^3$

2
a)

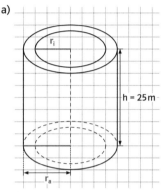

b) Äußerer Umfang: $u_a = 37{,}14\,\text{m}$;
innerer Umfang: $u_i = 24{,}57\,\text{m}$
Dicke der Mauer = Differenz der zwei Radien:

$r_a = \frac{u_a}{2\pi} \approx 5{,}91\,\text{m}$; $r_i = \frac{u_i}{2\pi} \approx 3{,}91\,\text{m}$

$r_a - r_i = \frac{u_a - u_i}{2\pi} = \frac{37{,}14\,\text{m} - 24{,}57\,\text{m}}{2\pi} \approx 2{,}0\,\text{m}$
c) Volumen der Mauer: $V = V_a - V_i = \pi \cdot h \cdot (r_a^2 - r_i^2) \approx 1542{,}52\,\text{m}^3$

3
a) $G = \frac{1}{2} \cdot 11{,}50\,\text{m} \cdot 8{,}50\,\text{m} = 48{,}875\,\text{m}^2$

$V = G \cdot h = 48{,}875\,\text{m}^2 \cdot 17\,\text{m} = 830{,}875\,\text{m}^3$

b) $A_{\text{Dachfläche}} = 2 \cdot b \cdot 17\,\text{m} = 2 \cdot \sqrt{8{,}5^2 + 5{,}75^2}\,\text{m} \cdot 17\,\text{m} \approx 348{,}91\,\text{m}^2$
Es werden somit 3838 Dachziegel gebraucht. Dafür werden 24 Paletten, also 3840 Dachziegel bestellt.
c) Kosten Dachziegel: $3840 \cdot 1{,}20\,€ = 4608{,}00\,€$
Preis mit MwSt.: $4608{,}00\,€ \cdot 1{,}19 = 5483{,}52\,€$

4
a) Es müssen $61{,}85\,\text{m}^3$ Beton bestellt werden.
b) Die Lieferung wiegt $148\,440\,\text{kg} = 148{,}44\,\text{t}$.
c) Da wegen des Verlusts 5 % mehr Beton bestellt werden müssen, kostet der Beton $61{,}85 \cdot 1{,}05 \cdot 65\,€ = 4221{,}26\,€$.

	u	h	G	M	O	V	
a)	750 mm	2 cm	450 cm²	150 cm²	1050 cm²	900 cm³	Tabelle 1
b)	20 cm = 2 dm	2 cm	10 cm² = 1000 mm²	40 cm²	60 cm²	20 cm³	
c)	200 cm	10 cm	200 cm²	2000 cm²	2400 cm²	2000 ml	

Pyramide. Oberfläche, Seite 44

1

a) $V = \frac{1}{3} \cdot a^2 \cdot h = \frac{1}{3} \cdot 20^2 \cdot 15 \, \text{cm}^3 = 2000 \, \text{cm}^3$

b) $d^2 = 2a^2 = 800 \, \text{cm}^2; \qquad d \approx 28{,}28 \, \text{cm}$

c) $s^2 = h^2 + \left(\frac{d}{2}\right)^2 = 425 \, \text{cm}^2; \qquad s \approx 20{,}62 \, \text{cm}$

d) $h_s^2 = h^2 + \left(\frac{a}{2}\right)^2 = 325 \, \text{cm}^2; \qquad h_s \approx 18{,}03 \, \text{cm}$

e) $M = 4 \cdot \frac{1}{2} \cdot a \cdot h_s \approx 721{,}11 \, \text{cm}^2$

f) $O = M + G \approx 1121{,}11 \, \text{cm}^2$

2

a) Seitenfläche: $A = 4 \cdot \frac{1}{2} \cdot 35 \, \text{m} \cdot 28{,}11 \, \text{m} = 1967{,}70 \, \text{m}^2$

b) $h = \sqrt{28{,}11^2 - 17{,}5^2} \, \text{m} \approx 22{,}0 \, \text{m}$

c) $s = \sqrt{28{,}11^2 + 17{,}5^2} \, \text{m} \approx 33{,}11 \, \text{m}$

d) $\frac{h_{Louvre}}{h_{Cheops}} \approx \frac{22 \, \text{m}}{146 \, \text{m}} \approx 0{,}1507; \qquad \frac{a_{Louvre}}{a_{Cheops}} \approx \frac{35 \, \text{m}}{230 \, \text{m}} \approx 0{,}152;$

$\frac{s_{Louvre}}{s_{Cheops}} \approx \frac{33 \, \text{m}}{219 \, \text{m}} \approx 0{,}1507$

Maßstab $0{,}15 : 1 = 15 : 100$

3

a) $d = \sqrt{a^2 + b^2} = \sqrt{6^2 + 10^2} \, \text{cm} \approx 11{,}66 \, \text{cm}$

b) $h_a = \sqrt{h^2 + \left(\frac{b}{2}\right)^2} \approx 9{,}43 \, \text{cm}; \qquad h_b = \sqrt{h^2 + \left(\frac{a}{2}\right)^2} \approx 8{,}54 \, \text{cm}$

c) $M = 2 \cdot \frac{1}{2} \cdot b \cdot h_b + 2 \cdot \frac{1}{2} \cdot a \cdot h_a = b \cdot h_b + a \cdot h_a \approx 142{,}04 \, \text{cm}^2$
$O = M + G \approx 202{,}04 \, \text{cm}^2$

d) $V = \frac{1}{3} \cdot a \cdot b \cdot h = \frac{1}{3} \cdot 6 \, \text{cm} \cdot 10 \, \text{cm} \cdot 8 \, \text{cm} = 160 \, \text{cm}^3$

Pyramide. Volumen, Seite 45

1

a) $h_d = a \cdot \frac{\sqrt{3}}{2} = \frac{\sqrt{3}}{2} \cdot 2{,}50 \, \text{m} \approx 2{,}17 \, \text{m}$

b) $h_s = \sqrt{h^2 + h_d^2} = \sqrt{9^2 + 4{,}6875} \, \text{m} \approx 9{,}26 \, \text{m}$

c) $M = 6 \cdot \frac{1}{2} \cdot a \cdot h_s = 3 \cdot a \cdot h_s \approx 69{,}43 \, \text{m}^2$

Verbrauch: $1{,}08 \cdot 69{,}43 \, \text{m}^2 \approx 74{,}98 \, \text{m}^2$
Die Materialkosten betragen $7140{,}00 \, €$.

2

a) $h_a = a \frac{\sqrt{3}}{2} = 5{,}6 \, \text{cm} \cdot \frac{\sqrt{3}}{2} \approx 4{,}85 \, \text{m}$

b) $h = \sqrt{a^2 - \left(\frac{2 h_a}{3}\right)^2} = \sqrt{a^2 - \left(\frac{a}{\sqrt{3}}\right)^2} = \sqrt{\frac{2a^2}{3}} = a \cdot \sqrt{\frac{2}{3}} \approx 4{,}57 \, \text{cm}$

c) $G = \frac{1}{2} \cdot a \cdot a \frac{\sqrt{3}}{2} = a^2 \frac{\sqrt{3}}{4} \approx 13{,}58 \, \text{cm}^2$
$V = \frac{1}{3} \cdot G \cdot h = \frac{1}{12} \cdot a^3 \cdot \sqrt{2} \approx 20{,}70 \, \text{cm}^3$

Die Tetraverpackung enthält also ungefähr 21 ml Kaffeesahne.

d) $O = 4 \cdot G \approx 54{,}32 \, \text{cm}^2$
Es werden pro Stunde $54{,}32 \cdot 1{,}08 \cdot 21\,600 \, \text{cm}^2$
$\approx 1\,267\,109{,}62 \, \text{cm}^2 \approx 126{,}7 \, \text{m}^2$ Karton gebraucht.

3

a) $d = a\sqrt{2}$

$h = \sqrt{a^2 - \left(\frac{d}{2}\right)^2} = \sqrt{a^2 - \frac{2a^2}{4}} = \sqrt{\frac{a^2}{2}} = \frac{a}{\sqrt{2}}$

$h_a = \sqrt{a^2 - \left(\frac{a}{2}\right)^2} = a \frac{\sqrt{3}}{2}$

b) $V = \frac{1}{3} \cdot a^2 \cdot h = a^3 \frac{\sqrt{2}}{6}$

$O = 8 \cdot \frac{1}{2} \cdot a \cdot h_a = 4a \cdot a \frac{\sqrt{3}}{2} = 2a^2 \sqrt{3}$

c)

a	V	h_a	O
0,5 cm	0,059 cm³	0,433 cm	0,866 cm²
1,5 cm	1,591 cm³	1,299 cm	7,794 cm²
2 cm	3,771 cm³	1,732 cm	13,856 cm²

d) Volumen des Schmuckstücks für $a = 0{,}5 \, \text{cm}$: $V \approx 0{,}059 \, \text{cm}^3$
Gewicht des Schmuckstücks: $0{,}059 \, \text{cm}^3 \cdot 6{,}9 \, \text{g}/\text{cm}^3 \approx 0{,}41 \, \text{g}$
Der Materialpreis beträgt somit $0{,}41 \cdot 22 \, € = 9{,}02 \, €$.

Kreisteile, Seite 46

1

	r	α	b	A
a)	3,5 m	200°	12,22 m	21,38 m²
b)	7,24 cm	95°	12,0 cm	43,4 cm²
c)	3,5 m	26,2°	1,6 m	2,8 m²
d)	4,7 m	350°	28,7 m	69,3 m²

2

a) $A = (4 \, \text{cm})^2 - 4 \cdot \frac{\pi \cdot (2 \, \text{cm})^2}{4} = 16 \, \text{cm}^2 - \pi \cdot 4 \, \text{cm}^2 \approx 3{,}43 \, \text{cm}^2$

$u = 4 \cdot \frac{2 \cdot \pi \cdot 2 \, \text{cm}}{4} \approx 12{,}57 \, \text{cm}$

b) $A = \frac{1}{4} \cdot \pi \cdot (2 \, \text{cm})^2 + \frac{1}{8} \cdot \pi \cdot (1{,}5 \, \text{cm})^2 \approx 4{,}025 \, \text{cm}^2$

$u = \frac{1}{4} \cdot 2 \cdot \pi \cdot 2 \, \text{cm} + \frac{1}{8} \cdot 2 \cdot \pi \cdot 1{,}5 \, \text{cm} + 2 \cdot 4 \, \text{cm} + 2 \cdot 1{,}5 \, \text{cm}$

$\approx 15{,}32 \, \text{cm}$

3

a)

$r = 17{,}5 \, \text{m}; \quad \alpha = 120°;$

$b = 2 \pi r \cdot \frac{120°}{360°} = \frac{2\pi}{3} \cdot 17{,}5 \, \text{m} \approx 36{,}65 \, \text{m}$

Er legt an der Spitze etwa 36,65 m zurück.

b) $A = \pi r^2 \cdot \frac{320°}{360°} = \frac{8\pi}{9} \cdot r^2;$

$A = \frac{8\pi}{9} \cdot (17{,}5 \, \text{m})^2 \approx 855{,}21 \, \text{m}^2$

Der Arbeitsbereich beträgt maximal etwa 855 m².

4

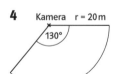

$A = \pi \cdot 20^2 \cdot \frac{130°}{360°} \, \text{m}^2 \approx 453{,}79 \, \text{m}^2$

Das Beobachtungsfeld hat einen Flächeninhalt von etwa 453,79 m².

Kegel. Oberfläche und Volumen, Seite 47

1

a) $V = \frac{1}{3} \cdot \pi \cdot (5\,\text{cm})^2 \cdot 6,5\,\text{cm} \approx 170{,}17\,\text{cm}^3$

$O = \pi \cdot r^2 + \pi \cdot r \cdot s = \pi \cdot (5\,\text{cm})^2 + \pi \cdot 5\,\text{cm} \cdot \sqrt{5^2 + 6{,}5^2}\,\text{cm}$
$\approx 207{,}35\,\text{cm}^2$

b) $V = \frac{1}{3} \cdot \pi \cdot (3r)^2 \cdot h = 9 \cdot \left(\frac{1}{3} \cdot \pi \cdot r^2 \cdot h\right) = 9 \cdot V$
Wenn man den Radius verdreifacht, so verneunfacht sich das Volumen.
$O = \pi \cdot (15\,\text{cm})^2 + \pi \cdot 15\,\text{cm} \cdot \sqrt{15^2 + 6{,}5^2}\,\text{cm} \approx 1477{,}23\,\text{cm}^2$
Die Vergrößerung der Oberfläche, wenn man den Radius verdreifacht, ist nicht fest gegeben, da sie auch von der jeweiligen Höhe abhängig ist. Im oberen Fall ist die Oberfläche des neuen Kegels etwa 7-mal größer als die des ursprünglichen Kegels.

2

a) Bei dem Zelt handelt es sich angenähert um einen Kegel.

b) $A = \pi \cdot r^2 = \pi \cdot (12{,}5\,\text{m})^2 \approx 490{,}9\,\text{m}^2$

$s = \sqrt{h^2 + r^2} = \sqrt{35^2 + 12{,}5^2}\,\text{m} \approx 37{,}17\,\text{m}$

$V = \frac{1}{3} \cdot A \cdot h \approx 5726{,}86\,\text{m}^3$

c) $M = \pi \cdot r \cdot s \approx 1459{,}47\,\text{m}^2$

3

a) Füllhöhe des Glases: $\frac{4}{5} \cdot 12\,\text{cm} = 9{,}6\,\text{cm}$

b)

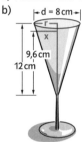

c) Es gilt: $\frac{x}{4} = \frac{9{,}6}{12}$; daraus folgt $x = 3{,}2\,\text{cm}$.

$V_{\text{Glas}} = \frac{1}{3} \cdot \pi \cdot (3{,}2\,\text{cm})^2 \cdot 9{,}6\,\text{cm} \approx 102{,}94\,\text{cm}^3$

$V_{\text{Karaffe}} = \pi \cdot (10\,\text{cm})^2 \cdot 6\,\text{cm} \approx 1884{,}96\,\text{cm}^3$

Frau Meier kann somit 18 Gläser aus der Karaffe füllen.

4

a) $h = \sqrt{s^2 - \left(\frac{d}{2}\right)^2} = \sqrt{3{,}7^2 - 3{,}5^2}\,\text{m} = 1{,}20\,\text{m}$

$V = \frac{1}{3} \cdot \pi \cdot (3{,}5\,\text{m})^2 \cdot 1{,}2\,\text{m} \approx 15{,}39\,\text{m}^3$
Das Gewicht des Sandhaufens beträgt etwa 24,63 t.

b) Der Laster muss viermal fahren.

Kugel. Oberfläche, Seite 48

1

a) eine Zahl mit 18 Nullen: $1\,000\,000\,000\,000\,000\,000 = 10^{18}$

b) $V_{\text{Erde}} = \frac{4}{3} \cdot \pi \cdot (6370\,\text{km})^3 \approx 1{,}082\,70 \cdot 10^{12}\,\text{km}^3$

davon 5 %: $V_{\text{Atmosphäre}} \approx 5{,}413\,48 \cdot 10^{10}\,\text{km}^3$

c) Aus der Formel für das Volumen berechnet man:
$r_{\text{Atmosphäre}} \approx 2346{,}73\,\text{km}$.
Der Erdradius ist fast dreimal so groß.

2

a)

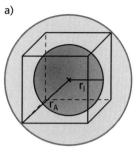

b) Der Radius der äußeren Kugel ist so groß wie die halbe Raumdiagonale des Würfels.

$r_{\text{Außenkugel}} = \frac{1}{2} \cdot \sqrt{3a^2} = \frac{a}{2} \cdot \sqrt{3} \approx 21{,}65\,\text{cm}$

c) $V_{\text{Außenkugel}} = \frac{4}{3} \cdot \pi \cdot r^3_{\text{Außenkugel}} \approx 42\,510{,}92\,\text{cm}^3$

$V_{\text{Würfel}} = a^3 = 15\,625\,\text{cm}^3$

$V_{\text{Innenkugel}} = \frac{4}{3} \cdot \pi \cdot r^3_{\text{Innenkugel}} \approx 8181{,}23\,\text{cm}^3$

d) $O_{\text{Außenkugel}} = 4 \cdot \pi \cdot r^2_{\text{Außenkugel}} = 4\pi \cdot \frac{3a^2}{4} = 3\pi a^2 \approx 5890{,}49\,\text{cm}^2$

$O_{\text{Würfel}} = 6a^2 = 3750\,\text{cm}^2$

$O_{\text{Innenkugel}} = 4 \cdot \pi \cdot r^2_{\text{Innenkugel}} = 4\pi \cdot \frac{a^2}{4} = \pi a^2 \approx 1963{,}50\,\text{cm}^2$

3
$V_{\text{Kugel}} = \frac{4000\,\text{g}}{7{,}85\,\text{g/cm}^3} \approx 509{,}55\,\text{cm}^3$; $r \approx 4{,}955\,\text{cm}$

4

a) $r \approx 2{,}82\,\text{m}$ b) $V \approx 94{,}03\,\text{m}^3$

5

	r	d	O	V
a)	5 m	10 m	314,16 m²	523,60 m³
b)	0,2 dm	0,4 dm	0,50 dm²	33,51 cm³
c)	0,63 cm	1,26 cm	5,00 cm²	1,05 m³
d)	1,06 cm	2,12 cm	14,14 cm²	5,00 cm³
e)	0,36 m	0,73 m	1,65 m²	0,20 m³

Kugel. Volumen, Seite 49

1
$V_{\text{Schale}} = \frac{1}{2} \cdot \frac{4}{3} \cdot \pi \cdot 16^3\,\text{cm}^3$

Es gilt $V_{\text{Schale}} = V_{\text{Flüssigkeit im Zylinder}}$, d.h.

$\frac{2}{3} \cdot \pi \cdot 16^3\,\text{cm}^3 = \pi \cdot 16^2\,\text{cm}^2 \cdot h_{\text{Flüssigkeit}}$
Daraus folgt $h_{\text{Flüssigkeit}} = \frac{2}{3} \cdot 16\,\text{cm} \approx 10{,}7\,\text{cm}$.
Die Flüssigkeit steht im Zylinder 210,7 cm hoch.

2
a) $O_{\text{Kugeln}} = 3 \cdot 4 \cdot \pi \cdot \left(\frac{3{,}5}{2}\right)^2\,\text{m}^2 \approx 115{,}45\,\text{m}^2$

Arbeitsstunden zum Säubern: 346,36

b) V_{Kugeln}: $\frac{4}{3} \cdot \pi \cdot \left(\frac{3{,}5}{2}\right)^3\,\text{m}^3 \approx 22{,}45\,\text{m}^3$
Gewicht: $22{,}45 \cdot 2400 = 53\,880\,\text{kg} = 53{,}88\,\text{t}$

3
Zylinderhöhe = 20 cm;   Zylinderradius = 5 cm
$O_{\text{Zylinder}} = 2 \cdot \pi \cdot 5\,\text{cm} \cdot 20\,\text{cm} + 2 \cdot \pi \cdot (5\,\text{cm})^2 = 250\,\pi\,\text{cm}^2$
$O_{\text{Kugeln}} = 2 \cdot 4 \cdot \pi \cdot (5\,\text{cm})^2 = 200\,\pi\,\text{cm}^2$
Die Oberfläche der Kugeln zusammen beträgt 80 % der Oberfläche des Zylinders bzw. sie ist um 20 % kleiner.

4

a) $r_\text{Außenkugel} = \frac{25{,}13}{2\pi}\,\text{cm} \approx 4{,}0\,\text{cm}$

b) Das Volumen der Schokolade beträgt $\frac{50\,\text{g}}{1{,}06\,\text{g/cm}^3} \approx 47{,}17\,\text{cm}^3$.

$V_\text{Außenkugel} = \frac{4}{3} \cdot \pi \cdot (4\,\text{cm})^3 \approx 268{,}08\,\text{cm}^3$

$V_\text{Innenkugel} = V_\text{Außenkugel} - V_\text{Schokolade} \approx 220{,}9\,\text{cm}^3$ und $r_\text{Innenkugel} \approx 3{,}75\,\text{cm}$

Die Schokoladenschicht ist somit $4{,}0\,\text{cm} - 3{,}75\,\text{cm} = 0{,}25\,\text{cm}$ $= 2{,}5\,\text{mm}$ dick.

c) $O_\text{Kugel} \approx 201{,}062\,\text{cm}^2$

Verpackungsmaterial pro Kugel $= 1{,}15 \cdot O_\text{Kugel} \approx 231{,}22\,\text{cm}^2$

Es werden $2000 \cdot 8 \cdot 2 = 32\,000$ Stück pro Tag angefertigt.

Damit werden pro Tag $32\,000 \cdot 231{,}22\,\text{cm}^2 \approx 7\,399\,079\,\text{cm}^2$ $\approx 740\,\text{m}^2$ Papier benötigt.

Zusammengesetzte Körper (1), Seite 50

1

a) $A = 254\,\text{cm} \cdot 504\,\text{cm} = 128\,016\,\text{cm}^2 \approx 12{,}80\,\text{m}^2$

b) $A_\text{Seitenfläche} = \frac{1}{2} \cdot (1{,}95 + 2{,}70) \cdot 2{,}54\,\text{m}^2 \approx 5{,}91\,\text{m}^2$

$A_\text{Vorderfläche} = 5{,}04\,\text{m} \cdot 1{,}95\,\text{m} = 9{,}828\,\text{m}^2$

$A_\text{Dachfläche} = 5{,}04\,\text{m} \cdot \sqrt{0{,}75^2 + 2{,}54^2}\,\text{m} \approx 13{,}35\,\text{m}^2$

$A_\text{Gesamt} \approx 2 \cdot 5{,}91\,\text{m}^2 + 9{,}83\,\text{m}^2 + 13{,}35\,\text{m}^2 = 35\,\text{m}^2$

c) $V \approx 5{,}91\,\text{m}^2 \cdot 5{,}04\,\text{m} = 29{,}79\,\text{m}^3$

2

a) Seitlicher Anbau

Die Innenmaße betragen: Höhe $= 2\,\text{m}$; Tiefe $= 2{,}40\,\text{m}$; Breite $= 2{,}20\,\text{m}$ (hier wird nur eine Außenwand abgezogen, denn die zweite Wand wird dem Hauptgebäude zugerechnet)

$2{,}20\,\text{m} \cdot 2{,}40\,\text{m} \cdot 2\,\text{m} = 10{,}56\,\text{m}^3$

Hauptgebäude: $\frac{1}{2} \cdot \pi (4{,}20\,\text{m})^2 \cdot 6{,}40\,\text{m} \approx 177{,}34\,\text{m}^3$

Das Innenvolumen des Hauses beträgt somit $187{,}90\,\text{m}^3$.

b) Anbau: $2 \cdot 2{,}50 \cdot 2{,}30\,\text{m}^2 + 3 \cdot 2{,}30\,\text{m}^2 + 2{,}50 \cdot 3\,\text{m}^2 = 25{,}90\,\text{m}^2$

Hauptgebäude:

$2 \cdot \frac{1}{2} \cdot \pi \cdot (4{,}50\,\text{m})^2 - 3 \cdot 2{,}30\,\text{m}^2 + \frac{1}{2} \cdot 2 \cdot \pi \cdot 4{,}50 \cdot 7\,\text{m}^2 \approx 155{,}68\,\text{m}^2$

Die Außenwände zusammen mit dem Dach des Hauses haben also eine Fläche von $181{,}58\,\text{m}^2$.

3

a) $V = \pi \cdot (15\,\text{cm})^2 \cdot 25\,\text{cm} - 20 \cdot 5 \cdot 25\,\text{cm}^3 \approx 15\,171{,}46\,\text{cm}^3$ $\approx 15{,}17\,\text{dm}^3$

$O = 2 \cdot \pi \cdot 15 \cdot 25\,\text{cm}^2 + 2 \cdot (5 \cdot 25 + 20 \cdot 25)\,\text{cm}^2 + 2 \cdot \pi \cdot (15\,\text{cm})^2$ $- 2 \cdot 20 \cdot 5\,\text{cm}^2 \approx 4819{,}91\,\text{cm}^2 \approx 48{,}2\,\text{dm}^2$

b) $V = 6 \cdot \frac{\sqrt{3}}{4} \cdot (7\,\text{cm})^2 \cdot 12\,\text{cm} - \pi \cdot (2{,}5\,\text{cm})^2 \cdot 12\,\text{cm} \approx 1292{,}05\,\text{cm}^3$ $\approx 1{,}29\,\text{dm}^3$

$O = 6 \cdot 7 \cdot 12\,\text{cm}^2 + 2 \cdot \pi \cdot 2{,}5 \cdot 12\,\text{cm}^2 + 12 \cdot \frac{\sqrt{3}}{4} \cdot (7\,\text{cm})^2 - 2 \cdot \pi$ $\cdot (2{,}5\,\text{cm})^2 \approx 907{,}84\,\text{cm}^2 \approx 9{,}08\,\text{dm}^2$

4

a) C   b) B   c) D   d) A

Zusammengesetzte Körper (2), Seite 51

1

a) $O = 3{,}34\,\text{m}^2$ \qquad\qquad $V = 0{,}14\,\text{m}^3$

b) $O = 6{,}2\,\text{m}^2$ \qquad\qquad $V = 0{,}6\,\text{m}^3$

c) Für die Berechnung wird k in Metern angesetzt.

$O = (3 \cdot 2k + 2 \cdot k\sqrt{2}) \cdot 10 + 2 \cdot ((2k)^2 - \frac{1}{2} \cdot 2k \cdot k)$
$= 6k^2 + 20(3 + \sqrt{2})k$

$V = ((2k)^2 - \frac{1}{2} \cdot 2k \cdot k) \cdot 10 = 30k^2$

2

a) Unter „Oberfläche" versteht man hier die zu betretende Oberfläche, d. h. die Ränder des PVC-Bodens, die ohnehin an den Wänden geklebt sind, und die Unterseite, die am Boden klebt, werden nicht mitgerechnet.

Zuerst muss die Anzahl der Noppen berechnet werden. Geht man davon aus, dass z. B. in der Länge von 500 cm mit einer Noppe angefangen und mit einer Noppe geendet wird (andere Varianten sind auch möglich, die liefern minimal unterschiedliche Ergebnisse), so ergibt sich die Formel:

$3 \cdot x + 0{,}5 \cdot (x - 1) = 500$ (x steht für die Anzahl der Noppen).

Daraus ergibt sich $x = 143$. Analoge Überlegungen liefern für die Breite von 250 cm eine Anzahl von 71,5 Noppen (71 ganze Noppen, an einem Ende noch eine halbe, also 71 Abstände, d. h. $3 \cdot 71{,}5 + 0{,}5 \cdot 71 = 250$).

Anzahl der Noppen: $143 \cdot 71{,}5 = 10\,224{,}5$

$O = 250 \cdot 500\,\text{cm}^2 + 10\,224{,}5 \cdot 2\pi \cdot 1{,}5\,\text{cm} \cdot 0{,}1\,\text{cm}$ $\approx 134\,636{,}36\,\text{cm}^2 \approx 13{,}46\,\text{m}^2$

b) Volumen $V = 250 \cdot 500 \cdot 0{,}3\,\text{cm}^3 + 10\,224{,}5 \cdot \pi \cdot (1{,}5\,\text{cm})^2$ $\cdot 0{,}1\,\text{cm} \approx 44\,727{,}27\,\text{cm}^3 \approx 0{,}0447\,\text{m}^3$

Der Boden wiegt etwa $0{,}0447\,\text{m}^3 \cdot 1500\,\frac{\text{kg}}{\text{m}^3} \approx 67{,}1\,\text{kg}$. Man kann also den aufgerollten Teppich zu zweit tragen.

3

a) Die gefärbte Fläche hat die Form eines gleichschenkligen rechtwinkligen Dreiecks.

b) Volumen eines Würfelteils: $V_1 = \frac{1}{2} \cdot (50\,\text{cm})^3 - \pi \cdot (5\,\text{cm})^2$ $\cdot 25\,\text{cm} = 60\,536{,}5\,\text{cm}^3$

Gesamtvolumen: $V \approx 121\,073{,}0\,\text{cm}^3 \approx 0{,}121\,\text{m}^3$

Oberfläche eines Würfelteils: $O_1 = (2 \cdot 50 + 50\sqrt{2}) \cdot 50\,\text{cm}^2$ $+ 2 \cdot \frac{1}{2} \cdot (50\,\text{cm})^2 + 2\pi \cdot 5 \cdot 25\,\text{cm}^2 \approx 11\,820{,}93\,\text{cm}^2$

Gesamtoberfläche: $O \approx 23\,641{,}86\,\text{cm}^2 \approx 2{,}36\,\text{m}^2$

Pyramide. Kegel. Kugel | Merkzettel, Seite 52

▪ **Beispiele:** $\sqrt{(4\,\text{cm})^2 + \left(\frac{3\,\text{cm}}{2}\right)^2} = 4{,}27\,\text{cm}$

$4 \cdot \frac{3\,\text{cm} \cdot 4{,}27\,\text{cm}}{2} = 25{,}62\,\text{cm}^2$; \qquad $25{,}62\,\text{cm}^2 + 9\,\text{cm}^2 = 34{,}62\,\text{cm}^2$

▪ **Text:** Grundfläche

Beispiele: $(3\,\text{cm})^2 = 9\,\text{cm}^2$; \qquad $\frac{1}{3} \cdot 9\,\text{cm}^2 \cdot 4\,\text{cm} = 12\,\text{cm}^3$

▪ **Text:** Mittelpunktswinkel

Beispiele: $\pi \cdot 3\,\text{cm} \cdot \frac{252°}{180°} \approx 13{,}19\,\text{cm}$

$\pi \cdot (3\,\text{cm})^2 \cdot \frac{252°}{360°} \approx 19{,}78\,\text{cm}^2$

▪ **Beispiele:** $\frac{1}{3} \cdot \pi \cdot (3\,\text{cm})^2 \cdot 4\,\text{cm} \approx 37{,}70\,\text{cm}^3$

$\sqrt{(4\,\text{cm})^2 + (3\,\text{cm})^2} = 5\,\text{cm}$; \qquad $\pi \cdot 3\,\text{cm} \cdot 5\,\text{cm} \approx 47{,}12\,\text{cm}^2$

$M + G \approx 47{,}12\,\text{cm}^2 + 28{,}26\,\text{cm}^2 = 75{,}38\,\text{cm}^2$

■ **Beispiele:** 2,5 cm;　　$\frac{4}{3} \cdot \pi \cdot 2,5\,cm^3 \approx 65,45\,cm^3$

$4 \cdot \pi \cdot r^2 \approx 78,54\,cm^2$

■ **Beispiele:** $\frac{1}{3} \cdot \pi \cdot r^2 \cdot h \approx 209,44\,cm^3$

$\frac{1}{2} \cdot \frac{4}{3} \cdot \pi \cdot 5\,cm^3 \approx 261,8\,cm^3$;　　　471,24 cm³;　　　305,27 cm²

Üben und Wiederholen | Training 3, Seite 53

1
a) (1) y = 3x − 2　oder　(2) y = 3x + 4
b) (1) y = 2x + (jede Zahl, außer −3)
oder　(2) y = −4x + (jede Zahl, außer −3)
c) In jeder der beiden Gleichungen kann 1 Wert verändert
werden, z.B. (2′) y = 2,5x + 1,5

2
(1) + (2): 8x = 42;　　x = 5,25
y = −0,8125
Probe in Gleichung (2): 3 · 5,25 − 4 · (−0,8125) = 19;　　19 = 19

3
(1) + (2): 4y + 120 + 5y = 39;　　y = −9
x = 7
Probe in Gleichung (2): 12 · 7 = 4 · (−9) + 120;　　84 = 84

4
(1) + (2): 4x − 6 = 2x − 10;　　x = −2
y = −7
Probe in Gleichung (2): 2 · (−7) = 2 · (−2) − 10;　　−14 = −14

5
a) $c\sqrt{bc}$

b) $uv\sqrt{u}$

c) $4a + 9b + 12\sqrt{ab}$

d) $18x − 3y$

e) $\frac{a \cdot b \cdot \sqrt{ab}}{\sqrt{ab}} = a \cdot b$

f) $\frac{4\sqrt{x} + 3\sqrt{y}}{8\sqrt{x} + 6\sqrt{y}} = \frac{4\sqrt{x} + 3\sqrt{y}}{2 \cdot (4\sqrt{x} + 3\sqrt{y})} = \frac{1}{2}$

6
a) Grundseite Wiese 1: $\sqrt{552,25\,m^2} = 23,5\,m$

Grundseite Wiese 2: $\sqrt{210,25\,m^2} = 14,5\,m$
Umfang Gesamtwiese 1 und 2: 4 · 23,5 m + 2 · 14,5 m = 123 m
Bauer Hinrich benötigt also 123 m Zaun.
b) Fläche Wiese 3: 552,25 m² + 210,25 m² = 762,5 m²

Grundseite Wiese 3: $\sqrt{762,5\,m^2} \approx 27,61\,m$
Umfang Wiese 3: 110,45 m
Insgesamt muss Bauer Hinrich etwa 233,5 m Zaun bestellen.

Üben und Wiederholen | Training 3, Seite 54

7
a) 9 €　　　　　　　　b) 9 %
Der Zinssatz des Versandhauses ist höher. Er beträgt 9 %. Jutta
sollte das Geld vom Sparbuch nehmen, sie spart damit 17,82 €
(Aufpreis des Versandhandels minus die möglichen Zinsen des
Sparbuchs).

8
a) $Z = K \cdot \frac{p}{100} \cdot \frac{t}{360}$;　　26,83 €

b) $p = \frac{100}{K} \cdot Z \cdot \frac{360}{t}$;　　3,64 %

c) $K = \frac{Z \cdot 100}{p} \cdot \frac{360}{t}$;　　15 000 €

9
a) 8144,47 €　　　　　　b) 4

10

	k	a′	b′
a)	1,5	4,5 cm	9 cm
b)	0,9	2,7 cm	5,4 cm
c)	1,6	4,8 cm	(10,6) cm 9,6
d)	0,8	2,4 cm	4,8 cm
e)	1,1	3,3 cm	6,6 cm

Der Fehler hat sich in Teilaufgabe c) eingeschlichen. Entweder
ist Seite b′ falsch oder Seite a′ muss in 5,3 cm geändert werden,
wenn k = 1,76 beträgt.

11
Vergrößerungsfaktor k = 2

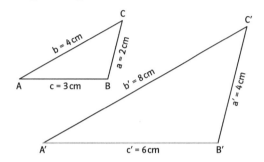

12

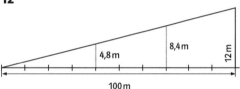

Üben und Wiederholen | Training 3, Seite 55

13

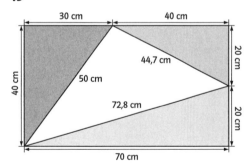

14
$a^2 = c \cdot p = 5\,cm \cdot 1,8\,cm = 9\,cm^2$, also a = 3 cm
$b^2 = c \cdot q = 5\,cm \cdot 3,2\,cm = 16\,cm^2$, also b = 4 cm

15
$\overline{AB} = 5\,cm$;　　$\overline{BC} = 4\,cm$;　　$\overline{AC} = 3\,cm$
$\overline{DE} = 5\,cm$;　　$\overline{EF} \approx 4,123\,cm$;　　$\overline{DF} \approx 3,162\,cm$
Das Dreieck ABC ist rechtwinklig, daher:
$A = \frac{1}{2} \cdot \overline{AC} \cdot \overline{BC} = \frac{1}{2} \cdot 3 \cdot 4\,cm^2 = 6\,cm^2$

16

a) Berechnung mit dem Höhensatz: $h = \sqrt{5,8}$ cm $\approx 2,4$ cm

b) Man kann die Seite a sowohl mit dem Höhensatz als auch mit dem Kathetensatz berechnen.

Entweder: Der fehlende Abschnitt der Seite a (mit a_1 bezeichnet) wird mit dem Höhensatz berechnet.

$a_1 \approx 1,52$ cm; $a = a_1 + 2,9$ cm $\approx 4,42$ cm

Oder: Die Seite c wird mit dem Satz des Pythagoras berechnet.

$c^2 = (2,1\,\text{cm})^2 + (2,9\,\text{cm})^2 = 12,92\,\text{cm}^2$, also $c \approx 3,58$ cm

Der Kathetensatz ergibt nun:

$a \approx \dfrac{(3,58\,\text{cm})^2}{2,9\,\text{cm}}$, also $a \approx 4,42$ cm.

c) Berechnung mit dem Höhensatz: 0,9 cm

17

siehe Tabelle 1

Körper	r	s	h	M	O	V	
	12 dm	20 dm	16 dm	753,98 dm^2	1206,37 dm^2	2412,74 dm^3	Tab. 1
	7,5 m	15,0 m	13 m	353,63 m^2	530,34 m^2	765,76 m^3	
	a	**s**	**h**	**h_s**	**G**	**V**	
	20 cm	22,11 cm	17 cm	19,72 cm	400 cm^2	2266,67 cm^3	
	29,39 cm	32,51 cm	25 cm	29 cm	864 cm^2	7200 cm^3	
	r		**d**		**O**	**V**	
	12 dm		24 dm		1809,56 dm^2	7238,23 dm^3	
	3,338 cm		6,676 cm		140 cm^2	155,76 cm^3	

Beilage zum Arbeitsheft Schnittpunkt 9

ISBN: 978-3-12-742696-0
ISBN: 978-3-12-742695-3

Zeichnungen/Illustrationen: druckmedienzentrum GmbH, Gotha; media office gmbh, Kornwestheim; Dorothee Wolters, Köln
DTP/Satz: media office gmbh, Kornwestheim

1 Ergänze die Gleichungen zu der Strahlensatzfigur.

a)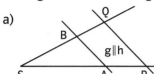

$$\frac{\overline{SA}}{\overline{SP}} = \frac{\overline{SB}}{} = \frac{\overline{AB}}{}$$

$$\frac{\overline{BQ}}{\overline{SB}} =$$

b)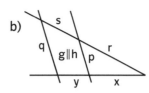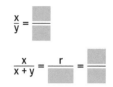

$$\frac{x}{y} = \frac{}{}$$

$$\frac{x}{x+y} = \frac{r}{} = \frac{}{}$$

2 In den orangen Lösungen stecken insgesamt sechs Fehler. Finde und korrigiere sie.

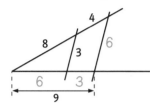 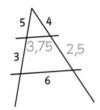 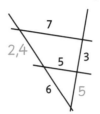 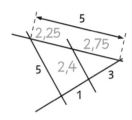

3 Berechne alle fehlenden Stücke. Ergänze dabei zunächst die Strahlensatz-gleichungen. In Teilaufgabe b) sind drei Stücke gleich lang.

a)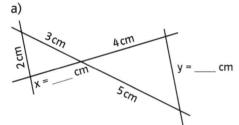

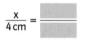

$$\frac{x}{4\,cm} = \frac{}{}$$

x = _____ cm

$$\frac{y}{2\,cm} = \frac{}{}$$

y = _____ cm

b)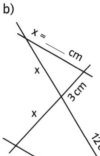

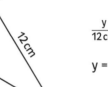

$$\frac{x}{3\,cm} = \frac{}{}$$

x = _____ cm

$$\frac{y}{12\,cm} = \frac{}{}$$

y = _____ cm

4 Berechne die fehlenden Längen. Kennzeichne zunächst die gegebenen Stücke in der Skizze farbig.

Skizze	a)	b)	c)	d)
$\overline{SA}$	6 cm	3 mm		10 dm
$\overline{SP}$	10 cm		3 dm	
$\overline{SB}$	8 cm		15 cm	0,5 m
$\overline{SQ}$		8 mm		7 dm
$\overline{AB}$	3 cm	2 mm	0,7 dm	
$\overline{PQ}$		4 mm	10,5 cm	84 cm

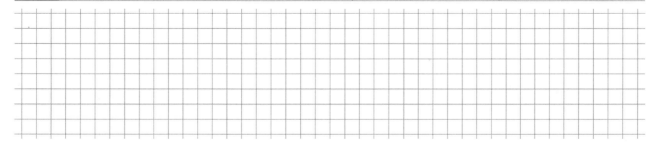

1 Ergänze zu der Strahlensatzfigur die Verhältnisgleichungen so oft wie vorgegeben.

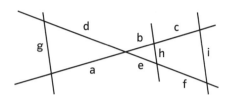

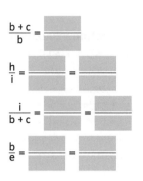

$$\frac{b+c}{b} = \underline{\hspace{2cm}}$$

$$\frac{h}{i} = \underline{\hspace{2cm}} = \underline{\hspace{2cm}}$$

$$\frac{i}{b+c} = \underline{\hspace{2cm}} = \underline{\hspace{2cm}}$$

$$\frac{b}{e} = \underline{\hspace{2cm}} = \underline{\hspace{2cm}}$$

2 Berechne die drei fehlenden orange markierten Stücke mithilfe der Strahlensatzgleichungen. Konstruiere zur Kontrolle die Figur in Originalgröße. Eine Seite ist schon eingezeichnet.

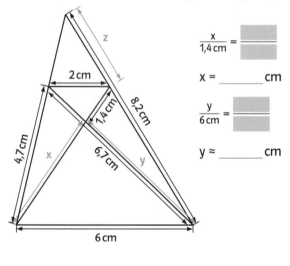

$$\frac{x}{1,4\,cm} = \underline{\hspace{2cm}}$$

$$x = \underline{\hspace{2cm}} cm$$

$$\frac{y}{6\,cm} = \underline{\hspace{2cm}}$$

$$y \approx \underline{\hspace{2cm}} cm$$

$$\frac{z}{8,2\,cm} = \underline{\hspace{2cm}} \qquad z \approx \underline{\hspace{2cm}} cm$$

(Konstruktionsfeld mit Grundlinie: 6 cm)

3 In der nebenstehenden Figur sollen die Längen der Strecken x und y bestimmt werden. Fatih entdeckt im rechten Teil eine Strahlensatzfigur.

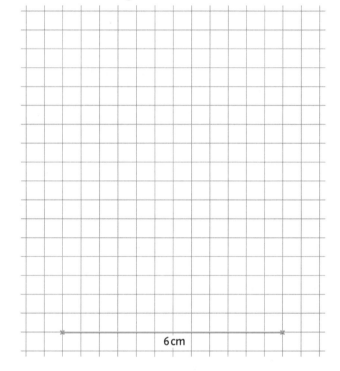

$$\frac{x}{9\,m} = \underline{\hspace{1cm}} \qquad \text{also: } x = \underline{\hspace{1cm}} m$$

Zur Berechnung von y zerlegt Fatih die Strecke in die beiden Teilstrecken y_1 und y_2 (siehe Figur). Diese berechnet er wieder mit dem Strahlensatz (das Ergebnis von oben für x einsetzen).

$$\frac{y_1}{15\,m} = \frac{9\,m - x}{9\,m} = \frac{\underline{\hspace{0.5cm}}}{9\,m} \qquad \text{also: } y_1 = \underline{\hspace{1cm}} m$$

$$\frac{y_2}{6\,m} = \frac{9\,m - x}{9\,m} = \frac{\underline{\hspace{0.5cm}}}{9\,m} \qquad \text{also: } y_2 = \underline{\hspace{1cm}} m$$

Also: $y = y_1 + y_2 = \underline{\hspace{1cm}} m + \underline{\hspace{1cm}} m = \underline{\hspace{1cm}} m$

Lazaros meint, er könne die Länge der Strecke y in nur einem Schritt berechnen, indem er sie zur gesamten Grundseite der Figur ins Verhältnis setzt.

$$\frac{y}{21\,m} = \frac{9\,m - x}{9\,m} = \frac{\underline{\hspace{0.5cm}}}{9\,m} \qquad \text{also: } y = \underline{\hspace{1cm}} m$$

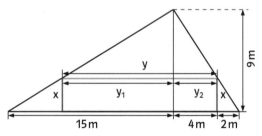

Überlege, warum Lazaros' Idee Erfolg hat und formuliere den verallgemeinerten Strahlensatz:
In jeder Strahlensatzfigur mit drei oder mehr Strahlen verhalten sich die Abschnitte auf den

_____ wie die vom Anfangspunkt aus gemessenen entsprechenden Abschnitte auf jedem Strahl.

1 Eine Mauer wirft zu einer bestimmten Uhrzeit einen Schattenstreifen, der 9,4 m breit ist. Luc stellt sich so in diesen Schattenraum, dass er gerade keinen sichtbaren Schatten mehr erzeugt. Luc ist 1,75 m groß und steht 8 m von der Mauer entfernt. Ergänze die Zeichnung, stelle eine Strahlensatzgleichung auf und berechne die Höhe h der Mauer.

h = _____ m

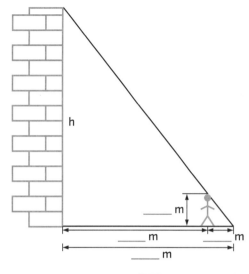

2 Bei einer Lochkamera wird das Bild eines Gegenstands mithilfe einer kleinen Öffnung auf einem Schirm (Rückwand der Box) erzeugt. Im Physikunterricht wird meist das Bild einer Kerzenflamme untersucht.

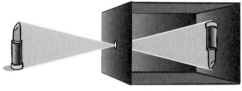

a) Wenn der Abstand vom Loch zum Schirm größer wird, so wird das Bild ☐ größer/☐ kleiner/☐ gleich groß.

b) Wird der Abstand vom Gegenstand zum Loch größer, so wird das Bild ☐ größer/☐ kleiner/☐ gleich groß.

c) Ein Lippenstift ist 6 cm hoch und der Abstand vom Loch zum Schirm beträgt 10 cm. Damit das Bild des Lippenstifts 1 cm groß wird, muss er _____ cm vor dem Loch platziert werden.

3 Johanna ist bei der Schulaufführung eines Schattentheaters beteiligt. Sie wird von einem Scheinwerfer angestrahlt und ihr Schatten fällt auf eine Leinwand, die sich zwischen ihr und dem Publikum befindet.

a) Wenn sich Johanna der Leinwand nähert, so wird ihr Schatten _____ (größer/kleiner).

b) Johanna stellt sich genau in die Mitte zwischen Scheinwerfer und Leinwand. Ihr Schatten ist dann

_____ wie sie.

c) Nun stellt sie sich so, dass es 3 m bis zum Scheinwerfer und 7 m bis zur Leinwand sind. Johanna ist 1,59 m groß. Johannas Schatten ist dann _____ m groß. (Rechne und zeichne rechts.)

Scheinwerfer   Johanna   Leinwand

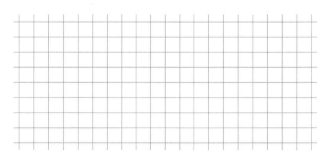

4 Kim sieht aus dem Fenster des Klassenzimmers einen Kirchturm. Bei ausgestrecktem Arm verdeckt ihre waagerechte Daumenbreite den Turm gerade vollständig. Sie überlegt, ob sie mithilfe der Strahlensätze berechnen kann, wie hoch der Kirchturm ist. Sie misst ihre Daumenbreite (12 mm) und die Länge ihres ausgestreckten Arms (70 cm). Welche Angabe fehlt ihr, damit sie die Höhe des Kirchturms berechnen kann?

Fülle die Lücken. Für jeden Buchstaben findest du einen Strich. Löse dann die Beispielaufgaben.

■ Vergrößern und Verkleinern

Werden bei einer Figur alle Strecken mit demselben positiven Faktor k multipliziert, so entsteht für

k ___ 1 eine vergrößerte Figur und für k ___ 1 eine verkleinerte Figur.

Geht dabei eine Strecke der Länge $\overline{AB}$ auf eine Strecke der Länge $\overline{A'B'}$ über, so gilt: $k = \dfrac{\overline{A'B'}}{\overline{AB}}$

Der Flächeninhalt einer Figur ändert sich dabei mit dem Faktor f = _____ .

Das Volumen eines Körpers ändert sich dabei mit dem Faktor v = _____ .

■ Vergrößere die Figur mit dem Faktor k = 2.
Flächeninhalt der Ausgangsfigur:

_____ cm²

Flächeninhalt der vergrößerten Figur:

_____ cm²

Der Flächeninhalt hat sich

mit dem Faktor f = _____ vergrößert.

■ Zentrische Streckung

Durch ein Streckzentrum Z und einen Streckfaktor k ≠ 0 ist eine zentrische Streckung festgelegt.

– Zeichne Halbgeraden von Z aus durch alle Punkte A, B, C, … der Ausgangsfigur.

– Die entstandenen Strecken $\overline{ZA}$, $\overline{ZB}$, $\overline{ZC}$, … werden mit k multipliziert. Die neuen Streckenendpunkte sind A', B', C' …

– Verbinde die neuen Punkte A', B', C' …

Für k < 0 liegen A', B'… auf der Z gegenüberliegenden Seite.

■ Im Bild ist k = ___ . Führe eine weitere zentrische Streckung des Dreiecks ABC mit k = –1,5 aus.

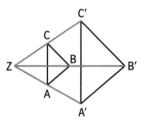

■ Ähnliche Figuren

Durch eine zentrische Streckung entsteht eine

_ _ _ _ _ _ _ _ Figur.

Beide Figuren stimmen überein in den

_ _ _ _ _ _ _ und in den Verhältnissen

entsprechender _ _ _ _ _ _ .

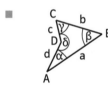

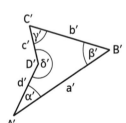

$\dfrac{a}{a'} = \dfrac{\rule{1.2em}{0pt}}{\rule{1.2em}{0pt}} = \dfrac{\rule{1.2em}{0pt}}{\rule{1.2em}{0pt}} = \dfrac{\rule{1.2em}{0pt}}{\rule{1.2em}{0pt}}$

α = α'

β = _____

γ = _____

δ = _____

■ Strahlensätze

Werden zwei Schenkel eines Winkels von parallelen Geraden geschnitten, so gelten die Strahlensätze.

Erster Strahlensatz:

$\dfrac{\overline{SA}}{\overline{SA'}} = \dfrac{\rule{1.5em}{0pt}}{\rule{1.5em}{0pt}}$

Zweiter Strahlensatz:

$\dfrac{\overline{SA}}{\overline{SA'}} = \dfrac{\rule{1.5em}{0pt}}{\rule{1.5em}{0pt}}$ und $\dfrac{\overline{AB}}{\overline{A'B'}} = \dfrac{\rule{1.5em}{0pt}}{\rule{1.5em}{0pt}}$

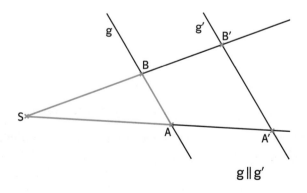

g ∥ g'

1 Entscheide, ob die gegebenen Punkte auf einem der Graphen der Gleichungen von linearen Zuordnungen liegen. Falls dies der Fall ist, notiere den Buchstaben der entsprechenden Gleichung.

A: $y = 4x - 3{,}5$ B: $5x + 3y = 9$
C: $y = -\frac{4}{3}x - 5$ D: $-2x - 5y + 35 = 0$

a) $P(2|4{,}5)$

b) $Q(3|-9)$ ▢

c) $R(-6|4{,}6)$ ▢

d) $S(1{,}5|2{,}5)$ ▢

e) $T(3|-2)$ ▢

f) $U(1{,}5|6)$ ▢

g) $V(-5|16{,}5)$ ▢

h) $W(-2{,}5|-6)$ ▢

i) $X(-1{,}5|-3)$ ▢

j) $Y\left(\frac{3}{5}\middle|2\right)$ ▢

2 Notiere an den Linien, ob die beiden linearen Gleichungen **k**eine, **e**ine oder **u**nendlich viele gemeinsame Lösungen haben.

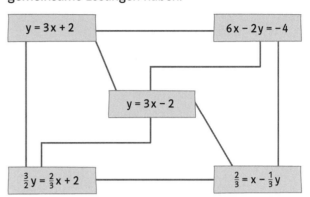

3 Kreuze an, ob mit dem Einsetzungsverfahren (EV) oder dem Gleichsetzungsverfahren (GV) gearbeitet wurde und rekonstruiere anschließend die fehlende Gleichung des linearen Gleichungssystems.

EV ▢   GV ▢   EV ▢   GV ▢   EV ▢   GV ▢   EV ▢   GV ▢

a) (1) $y - 3x = 7$

(2) _____

$4x - 5 - 3x = 7$

b) (1) $-2x + 5 = y$

(2) _____

$-2x + 5 = -4x + 3$

c) (1) $2y = \frac{1}{2}x + 4{,}5$

(2) _____

$2(3x - 1{,}5) = 0{,}5x + 4{,}5$

d) (1) $6y = 2x + 8{,}5$

(2) _____

$6y = -2y + 3 + 8{,}5$

4 Ordne zu. Jeweils eine Gleichung ist durch Addition zweier anderer entstanden. Färbe zusammengehörige Kärtchen in der gleichen Farbe.

| (1) + (2): $-18y = 36$ |

| (1) $x + 3y = 22$
 (2) $2x + 3y = 23$ |

| (1) $-2x + 12y = 108$
 (2) $2x + 7y = 44$ |

| (1) + (2): $65x = 325$ |

| $(-6|8)$ |

| $(7|-2)$ |

| $(5|8)$ |

| (1) $56x = 8y + 216$
 (2) $9x + 8y = 109$ |

| (1) + (2): $x = 1$ |

| $(1|7)$ |

| (1) + (2): $19y = 152$ |

| (1) $6x + 8y - 26 = 0$
 (2) $9x = 57 - 3y$ |

5 Berechne mit dem Taschenrechner. Runde auf drei Dezimalstellen.

a) $12^2 =$ _____

b) $\left(\frac{2}{7}\right)^2 =$ _____

c) $3{,}5^2 =$ _____

d) $0{,}25^2 =$ _____

e) $\sqrt{11} =$ _____

f) $\sqrt{999} =$ _____

g) $\sqrt{22{,}25} =$ _____

h) $\sqrt{1{,}49} =$ _____

6 Vereinfache die folgenden Terme, indem du die Wurzeln umformst.

a) $\sqrt{75} =$ _____

b) $\sqrt{500} =$ _____

c) $\left(\sqrt{5} - \sqrt{3}\right)^2 =$ _____

d) $\left(\sqrt{11} - \sqrt{13}\right) \cdot \left(\sqrt{11} + \sqrt{13}\right) =$ _____

7 Entscheide durch eine Rechnung, welcher Wert größer ist und setze <, > oder = ein.

a) Seitenlänge eines Quadrates mit $A = 8\,\text{cm}^2$ ▢ Kantenlänge eines Würfels mit $V = 18\,\text{cm}^3$

b) Seitenlänge eines Quadrates mit $A = 28\,\text{cm}^2$ ▢ Kantenlänge eines Würfels mit $V = 180\,\text{cm}^3$

c) Seitenlänge eines Quadrates mit $A = 38\,\text{cm}^2$ ▢ Kantenlänge eines Würfels mit $V = 238\,\text{cm}^3$

8 Stefan hat sein Konto ein Jahr lang überzogen. Er muss dafür 280 € Zinsen bezahlen. Um wie viel Euro war das Konto überzogen, wenn der Überziehungs-Zinssatz 14 % beträgt?
Das Kapital berechnet man mit der Formel

_____ .

Stefan hatte sein Konto um _____ € überzogen.

10 Herr Blumberg ist an einem Unternehmen mit 50 000 € und an einem anderen Unternehmen mit 27 000 € beteiligt. Er erhält aus beiden Anlagen jeweils 570 € monatlich Zinsen.

Das Kapital aus dem ersten Unternehmen wird mit

_____ % verzinst. Das Kapital aus der

zweiten Beteiligung wird mit _____ % verzinst.

11 Gib den Streckfaktor an.

a) 60 mm → 15 cm   k = _____

b) 0,04 mm → 1,24 cm   k = _____

c) 3 km → 1 dm   k = _____

d) 200 m → 1 cm   k = _____

9 Nach wie vielen Jahren verdoppeln sich 1000 €, wenn sie zu 10 % angelegt sind und die Zinsen nicht abgehoben werden?

a) Der Zinsfaktor

beträgt _____ .

b) Trage die Ergebnisse in die Rechentreppe ein.

Es dauert _____

Jahre.

1000 €
1100 €
1210 €
1331 €
1464,10 €
1610,51 €
1771,56 €
1948,72 €
2143,59 €

c) Peter behauptet, dass es mit dem doppelten Kapital nur halb so lange dauert. Überprüfe das mit einer zweiten Rechentreppe.

Peters Behauptung ist _____ .

12 Auf einem Foto ist Ann-Kathrin 8 cm groß, in Wirklichkeit jedoch 168 cm.

Der Streckfaktor ist _____ .
Ihr Hund ist auf dem Foto 1,5 cm groß, in Wirklichkeit

_____ cm.

13 Berechne die fehlenden Seitenlängen.

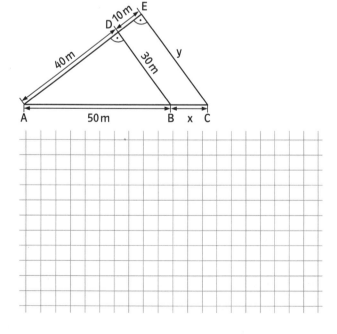

14 Mithilfe eines „Försterdreiecks" will Max die Höhe eines Baumes bestimmen.

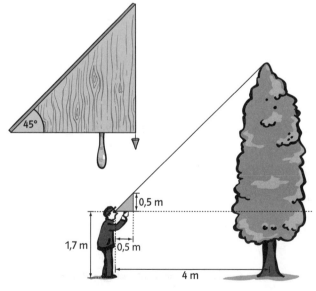

Der Baum ist _____ m hoch.

1 Berechne mithilfe des Kathetensatzes die fehlenden Stücke des rechtwinkligen Dreiecks. Runde auf mm.

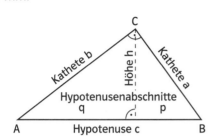

	a	b	c	p	q
a)			7 cm	3 cm	
b)				4 cm	7 cm
c)	3 cm	4 cm	5 cm		
d)	6 cm			4 cm	

2 Ein Rechteck mit den Seitenlängen 2 cm und 3 cm soll in ein flächengleiches Quadrat verwandelt werden. Führe schrittweise die folgende Konstruktion nach der Anleitung links mithilfe des Kathetensatzes aus.

I Die Seitenlängen 2 cm und 3 cm entsprechen im rechtwinkligen Dreieck der Hypotenuse (3 cm) und dem Hypotenusenabschnitt (2 cm).

II Die Verlängerung der von A abgewandten Rechteckseite enthält die Höhe h_C des gesuchten rechtwinkligen Dreiecks. Die Höhe steht senkrecht auf der Grundseite.

III Der Schnittpunkt der Höhe mit dem Thaleskreis liefert den Eckpunkt C des gesuchten rechtwinkligen Dreiecks.

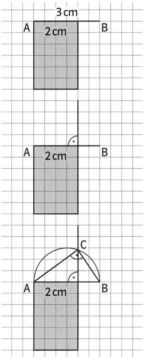

IV Führe nun die Konstruktionsschritte I bis III an der Figur unten aus und errichte über der zugehörigen Kathete das Quadrat.

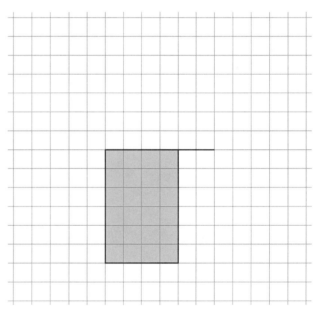

3 Wenn du Aufgabe 2 richtig gelöst hast, siehst du nun rechts die typische Figur zum Kathetensatz: In jedem rechtwinkligen Dreieck ist das Rechteck, gebildet aus Hypotenuse und Hypotenusen-

_____ , flächengleich dem Quadrat auf der zugehörigen _____ .

Kurz: q·c = _____ und entsprechend p·c = _____ . Ergänze in der Figur aus Aufgabe 2 das Rechteck aus c und p in einer anderen Farbe. Zeichne dann auch das zugehörige Kathetenquadrat ein.

4 Die Seitenlänge b in Aufgabe 2 berechnet sich nach dem Kathetensatz zu

$q·c = 2\,cm · 3\,cm = 6\,cm^2 = b^2$,

also $b = \sqrt{\rule{1cm}{0.4pt}}\ cm ≈ \rule{2cm}{0.4pt}\ cm$.

Konstruiere nun die Quadratwurzel aus 8 cm².

$q·c = \rule{1cm}{0.4pt}\ cm · \rule{1cm}{0.4pt}\ cm = 8\,cm^2$

Deute die Rechteckfläche dabei nur an.

Also ist $\sqrt{8}\ cm ≈ \rule{1cm}{0.4pt}\ cm$.

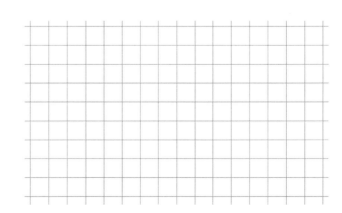

Höhensatz

1 Berechne die fehlenden Angaben im Dreieck ABC mit einem rechten Winkel $\gamma = 90°$. Du musst auch den Kathetensatz verwenden (alle Angaben in Zentimeter).

	a)	b)	c)	d)	e)
p	3,2		5	2,4	
q	5	0,3			
h				5,5	
a					
b					3,7
c		3	10		7,3

2 Notiere den Höhensatz mit den in der Skizze vorkommenden Bezeichnungen.

a)

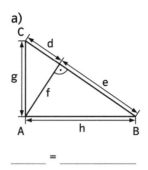

_____ = _____

b)

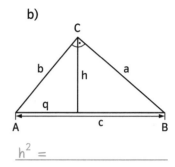

$h^2 =$ _____

3 Die Hypotenuse in dem gegebenen Dreieck soll berechnet werden. Julia hat ihren Lösungsvorschlag auf Kärtchen geschrieben. Bringe diese in die richtige Reihenfolge und finde Julias einzigen Fehler.

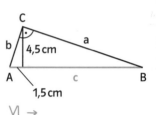

I Hieraus ergibt sich c = 14 cm.

II Mit dem Höhensatz erhalte ich dann $(4,5\,\text{cm})^2 = (c - 1,5\,\text{cm}) \cdot 1,5\,\text{cm}$.

III Durch Division beider Seiten mit 1,5 cm gibt das 13,5 cm = c − 1,5 cm.

IV Ich kann schreiben p = c − 1,5 cm.

V Um den Höhensatz anwenden zu können, brauche ich beide Hypotenusenabschnitte.

VI Bekannt sind die Höhe und der Hypotenusenabschnitt q.

VI →

_____

_____

4 Gegeben ist das unten abgebildete Rechteck. Konstruiere mithilfe des Höhensatzes ein flächengleiches Quadrat.

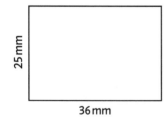

25 mm

36 mm

5 Ergänze mithilfe des Höhensatzes (HS) oder des Kathetensatzes (KS) und notiere den verwendeten Satz hinter der Gleichung.

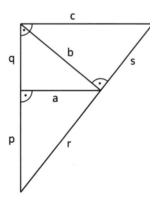

a) $b^2 =$ _____ (HS)

b) $c^2 =$ _____ (___)

c) $a^2 =$ _____ (___)

d) $q \cdot (p + q) =$ ___ (___)

e) $r^2 =$ _____ (___)

f) _____ (___)

6 Vor einer Tunneldurchfahrt fehlt das Schild, das die maximale Durchfahrtshöhe angibt. Der Tunnel hat die Form eines Halbkreises (Satz des Thales!) mit dem Durchmesser von 8 m. Der Fußweg rechts und links ist 1 m breit, und wegen des Gegenverkehrs muss man damit rechnen, die komplett zur Verfügung stehende Straßenhälftenbreite von 3 m auszunutzen. Berechne die maximale Fahrzeughöhe.

$h_{max} =$ _____

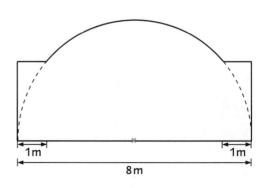

1 m   1 m

8 m

Satz des Pythagoras

1 Markiere im Dreieck den rechten Winkel durch das bekannte Zeichen und die Hypotenuse farbig.

a) 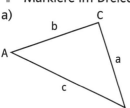 b) 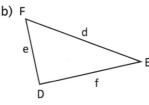 c) 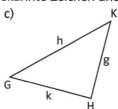 d)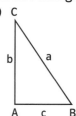

2 Notiere für das obige Dreieck den Satz des Pythagoras mit den entsprechenden Seitenbezeichnungen.

a) _____ b) _____ c) _____ d) _____

3 Berechne die fehlende Seitenlänge. Die zugehörige Skizze findest du in Aufgabe 1.

a) $a = 5\,cm$; $c = 13\,cm$ b) $e = 6\,cm$; $f = 8\,cm$ c) $g = 6\,cm$; $h = 8\,cm$ d) $a = 11\,cm$; $b = 10\,cm$

$b^2 = c^2 - a^2$

$b^2 = (13\,cm)^2 - (5\,cm)^2$

$b^2 = 169\,cm^2 - 25\,cm^2$

$b^2 = 144\,cm^2$

$b = 12\,cm$

4 Ergänze die Tabelle. Rechne im Heft und mit dem Taschenrechner. Runde auf eine Nachkommastelle.

	a)	b)	c)	d)	e)	f)	g)
erste Kathete	10 cm	11 cm		70 cm	99 cm	15 mm	1 km
zweite Kathete	5 cm		12 m		2 dm		2 km
Hypotenuse		15 cm	21 m	25 dm		1,7 cm	

5 Konstruktion von $\sqrt{10}$.
Mithilfe des Satzes von Pythagoras kannst du Strecken mit vorgegebenen Längen konstruieren. Schreibe 10 als Summe zweier Quadratzahlen: $10 = 1^2 + 3^2$. Konstruiere nun ein rechtwinkliges Dreieck mit den beiden Katheten 1 cm und 3 cm.

6 Konstruiere mit dem Verfahren aus Aufgabe 5 nun eine Strecke der Länge $\sqrt{18}$ cm.

$18 = $ _____$^2 + $ _____^{2}

Die gezeichnete Länge der Hypotenuse beträgt

etwa _____ cm.

Vergleiche mit dem Taschenrechner: $\sqrt{10} \approx$ _____

Abgelesener Näherungswert: $\sqrt{18}$ cm $\approx$ _____ cm

Vergleichswert Taschenrechner: $\sqrt{18} \approx$ _____

1 Berechne die Längen der farbig gekennzeichneten Strecken.

a)

$$(3\,cm)^2 + (3\,cm)^2 = a^2$$

$$\underline{\hspace{3cm}} = a^2$$

$$a \approx \underline{\hspace{3cm}}$$

$$h^2 + \underline{\hspace{1.5cm}} = (3\,cm)^2$$

$$h \approx \underline{\hspace{3cm}} cm$$

b)

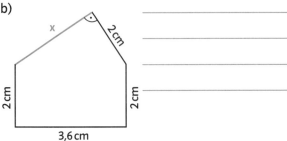

c)

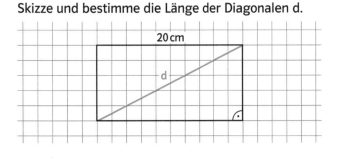

2 Flächeninhalt und Umfang des orangen Dreiecks sind gesucht. Die Punkte A und C sind jeweils die Seitenmitten. Schätze zunächst, wie viel Prozent des Rechtecks gefärbt ist.

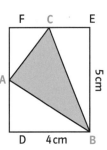

☐ 30 % ☐ 40 %
☐ 50 % ☐ 60 %

a) Berechne den Flächeninhalt der drei weißen rechtwinkligen Teildreiecke.

$A_{ADB} = \underline{\hspace{4cm}}$

$A_{BEC} = \underline{\hspace{4cm}}$

$A_{ACF} = \underline{\hspace{4cm}}$

Du erhältst die orange Fläche, indem du die weißen Flächen vom Rechteck subtrahierst.

$A_{orange} = \underline{\hspace{4cm}}$

Der gefärbte Anteil beträgt _____ %.

b) Für den Umfang musst du die drei Seitenlängen einzeln berechnen (runde auf eine Nachkommastelle) und addieren.

3 In einem Rechteck ist die eine Seite 20 cm lang, die andere Seite ist 8 cm kürzer. Vervollständige die Skizze und bestimme die Länge der Diagonalen d.

4 Bestimme die fehlenden Stücke des Drachens sowie seinen Flächeninhalt.

Beginne mit der Strecke f_1.

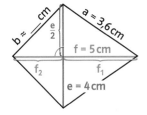

1 a) Die Länge der orangen Raumdiagonalen e im Quader mit den Seitenlängen a = 3 cm, b = 4 cm und c = 12 cm soll schrittweise bestimmt werden. Bestimme zunächst die Länge der Diagonalen d im grauen Teildreieck der Frontfläche. Diese taucht in beiden Teilfiguren rechts auf.

d = _____ cm

Bestimme dann die gesuchte Länge e.

e = _____ cm

b) Bestimme nun die Länge der Raumdiagonalen für einen Quader mit den folgenden Maßen:
a = 5 cm; b = 5 cm und c = 10 cm.
Die Zwischenrechnung für die Flächendiagonale d

ergibt d ≈ _____ cm.

Länge der Raumdiagonalen e ≈ _____ cm

2 Passt eine 14 cm lange Stricknadel in eine 12,7 cm lange, 5 cm breite und 26 mm hohe Schachtel?

3 a) Berechne für die Pyramide mit quadratischer Grundfläche schrittweise die Länge der Höhe k der Seitenflächen und die Länge der Seitenkante s.
Die Höhe h der Pyramide soll 6 cm betragen.

k = _____

s = _____

b) Berechne den Oberflächeninhalt der Pyramide.
Grundfläche (Quadrat) + 4 · Seitendreiecksfläche =

_____ + 4 · $\dfrac{6\,cm \cdot \boxed{}}{2}$ ≈ _____

c) Berechne die Summe aller Kantenlängen.

_____

d) Wie hoch muss die Pyramide bei gleichbleibender Grundfläche sein, damit der Oberflächeninhalt 100 cm² beträgt?
Bestimme zunächst den Flächeninhalt einer dreieckigen Seitenfläche. _____
Hieraus lässt sich nun die Länge von k berechnen.

_____ ; k ≈ _____

Und schließlich die gesuchte Höhe: _____

_____ ; h ≈ _____

1 Ein Satteldach hat die abgebildete Form. Vervollständige die Tabelle. Runde auf eine Dezimale.

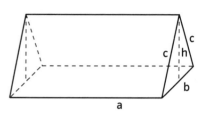

	a	b	c	h	Giebelfläche	Volumen
a)	10 m	5 m	6,5 m			
b)	7 m	4 m				70 m³

2 a) In dem abgebildeten Quader ist ein oranges Dreieck eingezeichnet. Dabei liegt der Punkt C auf der Mitte der Seite und der Punkt B teilt die Seite im Verhältnis 1:2, d.h. eine Strecke ist doppelt so lang wie die andere. Schraffiere die drei rechtwinkligen Dreiecke, die du zur Berechnung der drei Seitenlängen benötigst in verschiedenen Farben.

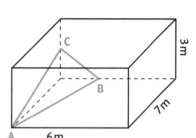

$\overline{AB} = \sqrt{\rule{2em}{0pt}}$ m $\overline{BC} = \sqrt{\rule{2em}{0pt}}$ m = ____ m $\overline{AC} = \sqrt{\rule{2em}{0pt}}$ m

b) Zeichne ein weiteres Dreieck ein, bei dem ein Eckpunkt in einer Ecke des Quaders und die beiden anderen Eckpunkte auf Seitenkanten liegen und dessen Seitenlängen 4 m, $\sqrt{58}$ m und $\sqrt{74}$ m betragen. [T1; T2]

c) Findest du auch ein Dreieck mit den Seitenlängen $\sqrt{94}$ m, $\sqrt{50}$ m und $\sqrt{40}$ m? Zeichne es gegebenenfalls ein. [T3; T4]

3 a) Auf einen Würfel der Kantenlänge 4 cm wird ein Quader aufgesetzt. Der Quader mit dem halben Volumen des Würfels sitzt in der Mitte der Würfelfläche (siehe Grafik). Die Länge der orangen Strecke x soll bestimmt werden.

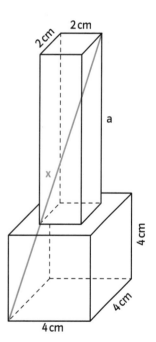

$V_{Würfel} = $ _____ cm³   halbes Würfelvolumen: _____ cm³

Quaderhöhe a = _____ cm

Zeichne ein rechtwinkliges Dreieck in die Zeichnung, mit dem du die Länge der Strecke x bestimmen kannst. Zeichne ein weiteres rechtwinkliges Dreieck in die Grundfläche, mit der du die noch fehlende Seitenlänge bestimmen kannst.

Die orange Strecke x hat eine Länge von $\sqrt{\rule{2em}{0pt}}$ cm ≈ _____ cm.

b) In der Zeichnung scheint die orange Strecke die untere linke Ecke des Quaders zu berühren. Überprüfe dies, indem du die Längen der beiden vermuteten Teilstrecken (linke untere Würfelecke bis zur linken unteren Quaderecke und linke untere Quaderecke bis zur rechten oberen Quaderecke) berechnest und deren Summe mit dem Ergebnis aus a) vergleichst.

$\sqrt{\rule{2em}{0pt}}$ cm + $\sqrt{\rule{2em}{0pt}}$ cm ≈ _____ cm + _____ cm = _____ cm

[T1] Eine Seite des Dreiecks liegt auf einer Quaderkante.

[T2] Eine der Dreiecksseiten ist eine Flächendiagonale einer der Quaderseiten.

[T3] Eine der Dreiecksseiten ist eine Körperdiagonale im Quader.

[T4] Schreibe 50 und 40 als Summe zweier Quadratzahlen.

Fülle die Lücken. Für jeden Buchstaben findest du einen Strich. Löse dann die Beispielaufgaben.

▪ Kathetensatz

In jedem rechtwinkligen Dreieck gilt: Das Quadrat über einer Kathete hat den gleichen

_____ wie das Rechteck, das aus dem anliegenden Hypotenusenabschnitt und der Hypotenuse gebildet wird. Kurz:

$a^2 =$ _____ und $b^2 =$ _____

▪ Vervollständige die Figur zur ersten Gleichung des Kathetensatzes ($a^2 =$ _____).

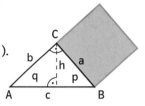

a; b = Katheten
   c = Hypotenuse
q; p = Hypotenusenabschnitt

▪ Höhensatz

In jedem rechtwinkligen Dreieck gilt: Das Quadrat über der Höhe hat den gleichen

_____ wie das Rechteck, das aus den beiden Hypotenusenabschnitten gebildet wird.

Kurz: $h^2 =$ _____

▪ Vervollständige die Figur zum Höhensatz.

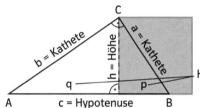

▪ Satz des Pythagoras

In jedem rechtwinkligen Dreieck gilt: Die beiden Quadrate über den Katheten haben zusammen den gleichen Flächeninhalt wie das Quadrat über der

_____ . Kurz: _____

▪ Vervollständige die Figur zum Satz des Pythagoras.

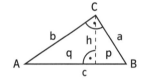

a; b = Katheten
   c = Hypotenuse
q; p = Hypotenusenabschnitte   h = Höhe

▪ Berechnung an geometrischen Figuren

Erkennt man in einer Figur ein rechtwinkliges Dreieck, so kann man meist mithilfe des Satzes des Pythagoras (aber auch des Katheten- oder Höhensatzes) unbekannte Strecken berechnen.

Manchmal muss man Hilfsfiguren (rechtwinklige Dreiecke) einzeichnen und Zwischengrößen berechnen.

▪ Bestimme die Länge der Diagonalen d im Quadrat mit der Seitenlänge a = 4 cm.

$d \approx$ _____ cm

▪ Bestimme im gleichseitigen Dreieck mit der Seitenlänge a = 4 cm die Länge der Höhe h.

$h \approx$ _____ cm

▪ Bestimme im Würfel mit der Kantenlänge a = 4 cm die Länge einer Raumdiagonalen D.

$D \approx$ _____ cm

1 a) Ein Würfel hat eine Oberfläche von 96 cm². Berechne die Kantenlänge und das Volumen. Beschreibe dein Vorgehen.

_____

_____

b) Aus diesem Würfel soll ein möglichst großer Zylinder hergestellt werden. Zeichne den Zylinder in die Skizze ein.

Er hat die Höhe _____ und den Radius _____ .

Seine Oberfläche beträgt _____ ,

das Volumen ist _____ .

2 Die Energiekosten für den Transport mit Schiffen sind hoch. Eine Alternative, die Energie spart, sind zylinderförmige Flettner-Rotoren. Werden sie durch Wind in Rotation versetzt, unterstützen sie den Antrieb des Schiffs. Jeder Zylinder hat einen Durchmesser von 4 m und eine Höhe von 27 m.

a) Schätze die Länge des Schiffes: _____

b) Berechne die Mantelfläche eines Zylinders.

_____

c) Berechne das Volumen eines Zylinders.

_____

3 Ein zylinderförmiger Cremebehälter wird in einer Schachtel verkauft.

a) Das Volumen der Schachtel beträgt

$V_{Schachtel} =$ _____ .

b) In der Cremedose befindet sich

$V_{Creme} =$ _____ Creme.

c) Laut Gesetz handelt es sich bei der Verpackung um eine Mogelpackung, wenn die Füllmenge von dem Fassungsvermögen des Behälters um mehr als 30 % abweicht.

Die Abweichung im Beispiel beträgt _____ %.

☐ Es handelt sich um eine Mogelpackung.

☐ Es handelt sich nicht um eine Mogelpackung.

Füllhöhe: 9,5 cm
Füllbreite: 7,5 cm

4 Von einem Prisma sind einige Werte gegeben. Berechne die anderen Werte.

$1000\,ml = 1l = 1000\,cm^3$

	u	h	G	M	O	V
a)	750 mm	2 cm	cm²	cm²	cm²	900 cm³
b)	dm	2 cm	1000 mm²	cm²	60 cm²	cm³
c)	cm	10 cm	cm²	2000 cm²	cm²	2000 ml

Prisma und Zylinder (2)

1 Der abgebildete Bahndamm hat als Querschnittsfläche ein gleichschenkliges Trapez. Er ist 5000 m lang. Wie viel Kubikmeter Schotter mussten zu seinem Bau aufgeschüttet werden?

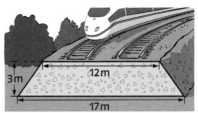

_____

_____

2 Ein runder Turm ist insgesamt 25 m hoch. Sein äußerer Umfang beträgt 37,14 m. Der innere Umfang beträgt nur 24,57 m.

a) Skizziere den Turm.

b) Wie dick ist die Mauer?

_____

c) Berechne das Volumen der Mauer.

_____

3 Familie Glück baut ein Haus mit dem abgebildeten Satteldach.

a) Berechne das Volumen des Dachraumes.

_____

_____

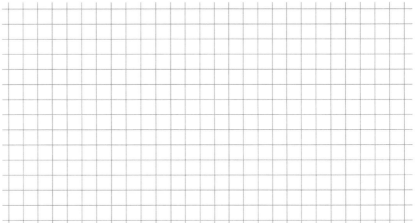

b) Pro Dachziegel berechnet der Dachdecker 1,20 €. Für einen Quadratmeter benötigt er elf Stück. Es sind nur ganze Paletten mit jeweils 160 Dachziegeln lieferbar. Berechne zunächst die Größe der Dachfläche.

_____

_____

Wie viele Dachziegel benötigt Familie Glück? Wie viele muss sie bestellen?

_____

c) Wie hoch ist der Endpreis, wenn noch 19 % Mehrwertsteuer hinzukommen?

_____

4 Zum Abstützen einer Autobahnbrücke sollen insgesamt zehn Betonsäulen gefertigt werden. Jede soll eine Höhe von 3,50 m und einen Durchmesser von 1,50 m haben.

a) Es müssen _____ m³ Beton bestellt werden.

b) Pro m³ wiegt Beton 2400 kg. Die Lieferung wiegt

_____ kg = _____ t.

c) Der Lieferant verlangt pro m³ Beton 65 €, wobei man mit 5 % Verlust rechnen muss. Der Beton kostet

_____ €.

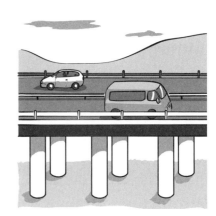

Pyramide. Oberfläche

1 Eine quadratische Pyramide hat die Grundkante a von 20 cm und die Höhe von 15 cm. Gib zuerst die Formel an. Setze dann die Werte ein.

a) Berechne das Volumen.

$V = $ _____

b) Berechne die Diagonale d der Grundfläche.

$d^2 = $ _____

c) Berechne die Länge der Seitenkante s mit dem Satz des Pythagoras.

$s^2 = $ _____

d) Berechne die Höhe h_s der Seitenfläche mit dem Satz des Pythagoras.

$h_s^2 = $ _____

e) Berechne die Mantelfläche M der Pyramide.

$M = $ _____

f) Berechne die Oberfläche O der Pyramide.

$O = $ _____

2 Die Eingangshalle des Louvre in Paris ist eine quadratische Pyramide. Eine Grundseite ist rund 35 m lang, die Höhe einer Seitenfläche beträgt 28,11 m.

a) Berechne die Größe aller Seitenflächen.

_____

b) Berechne die Höhe der Pyramide.

_____

c) Berechne die Länge einer Seitenkante s.

_____

d) Die Pyramide ist der Cheopspyramide (h = 146 m, a = 230 m, s = 219 m) nachempfunden. Prüfe diese Aussage nach und berechne den Maßstab. Runde dafür die Werte der Glaspyramide.

$\dfrac{h_{Louvre}}{h_{Cheops}}$ _____ $\dfrac{a_{Louvre}}{a_{Cheops}}$ _____ $\dfrac{s_{Louvre}}{s_{Cheops}}$ _____

Der Maßstab beträgt also _____ : 1 = _____ : _____

3 Die abgebildete Pyramide mit rechteckiger Grundfläche hat die Kantenlängen a = 6 cm und b = 10 cm.
Die Höhe der Pyramide beträgt h = 8 cm.

a) Berechne die Länge der Bodendiagonalen d.

$d = $ _____

b) Berechne die Höhen der Seitenflächen.

$h_a = $ _____ ; $h_b = $ _____

c) Berechne die Mantelfläche und die Oberfläche.

$M = $ _____

$O = $ _____

d) Berechne das Volumen.

$V = $

1 Ein Turm, dessen Grundfläche die Form eines regelmäßigen Sechsecks mit der Kantenlänge 2,50 m hat, soll als Dach eine Pyramide mit der Höhe h von 9 m erhalten.

a) Berechne die Höhe h_d. Gib die Formel an.

$h_d = $ _____

b) Berechne die Höhe h_s. Gib die Formel an.

$h_s = $ _____

c) Wie viel Kupferblech wird für das Dach gebraucht, wenn man 8 % der errechneten Fläche für Überlappung und Verschnitt hinzurechnet?

$M = $ _____

Verbrauch: _____

d) 2 m² Kupferblech kosten 160 Euro plus 19 % Mehrwertsteuer. Die Materialkosten betragen _____ .

2 Seit den 50er-Jahren werden tetraederförmige Behälter mit Flüssigkeiten, z. B. Kaffeesahne, gefüllt. Die Kantenlänge ist a = 5,6 cm.

a) Berechne die Höhe h_a zur Grundseite a.

$h_a = $ _____

b) Berechne die Höhe h der Pyramide.

$h = $ _____

c) Berechne die Grundfläche G und das Volumen der Pyramide.

$G = $ _____ $V = $ _____

Die Tetraverpackung enthält also ungefähr _____ ml Kaffeesahne.

d) Pro Stunde werden 21 600 Packungen abgefüllt. Wie viel Karton wird dafür benötigt, wenn man mit 8 % Verschnitt und Abfall rechnet?

$O = $ _____ Karton = _____ cm² = _____ m²

3 Ein Schmuckanhänger hat die Form eines Oktaeders (Doppelpyramide mit zwölf gleich langen Kanten).

a) Leite die Formeln für die Diagonale d der Grundfläche, der Höhe h der Einzelpyramide und der Höhe h_a der Seitenfläche her.

$d = $ _____

$h = $ _____

$h_a = $ _____

b) Leite die Formeln für das Volumen und die Oberfläche des Oktaeders mit der Kantenlänge a her.

$V = $ _____

$O = $ _____

c) Berechne das Volumen und die Oberfläche, wenn a die in der Tabelle angegebenen Werte annimmt.

a	V	h_a	O
0,5 cm			
1,5 cm			
2 cm			

d) Der Preis für das Schmuckstück hängt vom Gewicht ab. 1 cm³ Gold wiegt 6,9 g. Pro g liegt der Materialwert bei 22 €. Der Materialpreis für einen Oktaeder mit der Kantenlänge a = 0,5 cm beträgt _____ €.

Kreisteile

1 Fülle die Tabelle aus.

	r	α	b	A
a)	3,5 m	200°		
b)		95°		43,4 cm²
c)	3,5 m		1,6 m	
d)		350°	28,7 m	

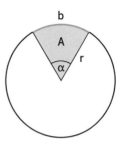

2 Bestimme den Flächeninhalt und den Umfang der orange gefärbten Flächen (2 Kästchen ≙ 1 cm).

a)

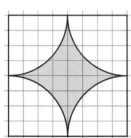

A = _____

_____

u = _____

_____

b)

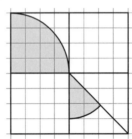

A = _____

_____

u = _____

_____

3 Der Tragarm eines Krans ist 17,5 m lang. Er schwenkt um 120°.
Mache zunächst eine Skizze.
a) Berechne, wie lang die Strecke ist, die er an der Spitze zurücklegt.

_____

_____

b) Wie groß ist sein Arbeitsbereich (Fläche), wenn er um maximal 320°
schwenken kann?

_____

_____

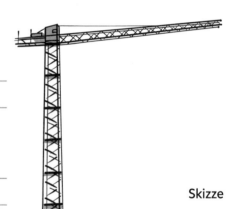

Skizze

4 Vor den Auszahlungsschaltern einer Bank sind mehrere Videokameras angebracht.
Sie lassen sich um 130° schwenken und nehmen in einer Entfernung von bis zu 20 m
eine Person gut erkennbar auf.
Wie groß ist das Beobachtungsfeld einer Kamera? Lege zunächst eine Skizze an.

Skizze:

Setze in die Formel ein: A = ▢ · ▢² · $\dfrac{}{360°}$ ·

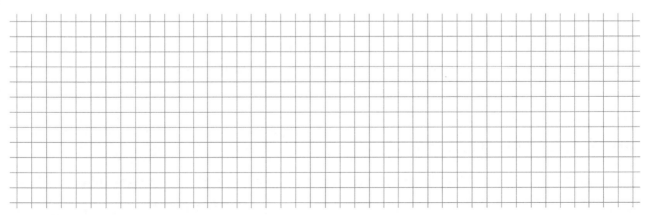

Kegel. Oberfläche und Volumen

1 a) Berechne die Oberfläche und das Volumen des abgebildeten Kegels.

V = _____

O = _____

(Abbildung: Kegel mit h = 6,5 cm und r = 5 cm)

b) Berechne die Größen, wenn man den Radius verdreifacht.
Wie verändern sich die Werte?

V = _____   O = _____

Das Volumen _____ sich, die Oberfläche _____ sich.

c) Berechne den Öffnungswinkel des Kegels.

_____

2 Das „größte Indianerzelt der Welt" steht in Dortmund im Fredenbaumpark.
Es hat eine Höhe von 35 m und einen Durchmesser von ungefähr 25 m.

a) Bei dem Zelt handelt es sich angenähert um _____ .

b) Berechne die Grundfläche, die Länge der Seitenkante und das Volumen
des Zelts.

A = _____

s = _____

V = _____ m^3

c) Berechne die Mantelfläche des Zelts.

M = _____

3 Frau Meier besitzt kegelförmige Gläser. Sie füllt die Gläser jeweils bis zu $\frac{4}{5}$ der Maximalhöhe.
Berechne, wie viele Gläser sie aus der zylinderförmigen Karaffe füllen kann,
wenn diese 6 cm hoch gefüllt ist.

a) Füllhöhe des Glases: _____

b) Zeichne die Füllhöhe und den dazugehörigen
Durchmesser x des Glases in die Skizze ein.

c) Berechnung von x mithilfe des Strahlensatzes:

_____

V$_{Glas}$ = _____

V$_{Karaffe}$ = _____

(Skizze: Glas d = 8 cm, 12 cm; Karaffe d = 20 cm, 6 cm)

Frau Meier kann _____ Gläser aus der Karaffe füllen.

4 Ein kegelförmiger Sandhaufen hat einen Durchmesser von 7 m. Seine Mantellinie s ist 3,70 m lang.

a) Berechne das Gewicht des Sandhaufens, wenn ein Kubikmeter Sand 1,6 t wiegt.

h = _____   V = _____

Das Gewicht des Sandhaufens beträgt _____ t.

b) Ein Lkw hat eine Nutzlast von 7,5 t. Um den Sand zu transportieren, muss der Laster also _____
fahren.

Kugel. Oberfläche

1 Die Lufthülle der Erde umfasst 5140 Trillionen Tonnen Luft. Nimmt man die gesamte Atmosphäre der Erde und formt daraus eine Kugel, so entspricht diese Kugel nur 5% des Erdvolumens.

a) Im Deutschen steht das Wort Trillion für eine Million hoch drei,

also eine Zahl mit _____ Nullen: _____ .

b) Der Radius der Erde beträgt rund 6370 km. Das Erdvolumen ist damit:

V_{Erde} = _____

davon 5%: $V_{Atmosphäre}$ ≈ _____

c) Der Radius der Atmosphärenkugel ist:

$r_{Atmosphäre}$ ≈ _____ .

Der Erdradius ist fast _____ so groß.

2 Einem Würfel mit der Kantenlänge 25 cm wird jeweils eine Kugel ein- bzw. umbeschrieben.

a) Zeichne in die Skizze die Radien der Kugeln ein.

b) Berechne den Radius der äußeren Kugel.

$r_{Außenkugel}$ = _____

c) Berechne die Volumen der drei Körper.

$V_{Außenkugel}$ = _____

$V_{Würfel}$ = _____

$V_{Innenkugel}$ = _____

d) Berechne die Oberflächen der drei Körper.

$O_{Außenkugel}$ = _____

$O_{Würfel}$ = _____

$O_{Innenkugel}$ = _____

3 Kugeln zum Kugelstoßen der Schüler haben eine Masse von 4 kg. Welchen Radius müssen diese Kugeln haben, wenn 1 cm^3 Eisen 7,85 g wiegt?

V_{Kugel} = _____   r = _____

4 Ein Modell-Heißluftballon hat annähernd die Form einer Kugel. Die Oberfläche beträgt 100 m^2.

a) Berechne seinen Radius. r ≈ _____ m

b) Berechne sein Volumen. V ≈ _____ m^3

5 Berechne die fehlenden Werte für die Kugel. Runde auf zwei Nachkommastellen.

	r	d	O	V
a)	5 m			
b)		0,4 dm		cm^3
c)			5,00 cm^2	
d)				5,00 cm^3
e)				0,20 m^3

1 Paula besitzt eine halbkugelförmige Schale. Der Innendurchmesser der Schale beträgt 32 cm. Sie gießt den Inhalt der randvoll mit Wasser gefüllten Schale in ein zylinderförmiges Gefäß mit einem Innendurchmesser von 32 cm. Wie hoch steht die Flüssigkeit in dem Gefäß?

V_{Schale} = _____ $h_{Flüssigkeit}$ = _____

Die Flüssigkeit steht im Zylinder _____ hoch.

2 Claes Oldenburg fertigte 1977 drei riesige Betonkugeln (Durchmesser 3,5 m) für die erste Skulptur-Ausstellung am Aasee in Münster.

a) Die Kugeln müssen regelmäßig von Schmutz und Graffiti befreit werden. Pro Quadratmeter rechnet man dabei mit drei Arbeitsstunden. Wie lange braucht man, um die drei Kugeln sachgerecht zu säubern?

O_{Kugeln} = _____

Man benötigt rund _____ Arbeitsstunden zum Säubern.

b) Berechne das Gewicht einer Kugel, wenn ein Kubikmeter Beton 2400 kg wiegt.

V_{Kugel} = _____

Eine Kugel wiegt _____ kg = _____ t.

3 Vergleiche die Oberfläche des Zylinders mit der Oberfläche der einbeschriebenen Kugeln.

Zylinderhöhe = _____   Zylinderradius = _____

$O_{Zylinder}$ = _____

O_{Kugeln} = _____

Die Oberfläche der Kugeln zusammen ist um _____ % kleiner als die

Oberfläche des Zylinders.

4 Eine Schokoladenkugel hat einen Außenumfang von 25,13 cm. Sie wiegt 50 g.

a) Berechne den Radius der Schokoladenkugel.

$r_{Außenkugel}$ = _____

b) Berechne die Dicke der Schokoladenkugel. Die Vollmilchschokolade wiegt 1,06 g pro cm³. Das Volumen der Schokolade beträgt also _____ .

$V_{Außenkugel}$ = _____

$V_{Innenkugel}$ = $V_{Außenkugel}$ − $V_{Schokolade}$ = _____ $r_{Innenkugel}$ = _____ cm.

Die Schale der Schokoladenkugel ist _____ dick.

c) Die Schokoladenkugel wird in Silberpapier verpackt. Wie viel Papier benötigt man pro Tag, wenn pro Stunde 2000 Stück angefertigt werden und jeden Tag eine Doppelschicht mit je acht Stunden gefahren wird? Rechne zusätzlich mit 15 % Abfall des Papiers.

Es werden _____ m² Papier pro Tag benötigt.

1 Familie Schneider möchte sich an ihr Haus ein „Anlehnhaus" bauen.

a) Berechne die Bodenfläche des Gewächshauses, die mit Steinplatten ausgelegt werden soll.

A = _____ cm² ≈ _____ m²

b) Berechne die Wand- und Dachfläche, die aus Glas hergestellt werden.

$A_{Seitenfläche}$ = _____ m²

$A_{Vorderfläche}$ = _____ m²

$A_{Dachfläche}$ = _____ m²; A_{Gesamt} = _____ m²

c) Welches Volumen hat der Innenraum des Gewächshauses? V = _____ m³

2 Familie Schneider besitzt ein außergewöhnliches Haus.

a) Berechne das Innenvolumen, wenn die Dicke der Hauswand bzw. des Daches 30 cm beträgt.
Das Innenvolumen des Hauses beträgt _____ m³.

b) Die Außenwände zusammen mit dem Dach des Hauses haben eine

Fläche von _____ m².

3 Berechne Volumen und Oberfläche der Körper.

a) Ausgebohrter Zylinder:

_____

_____

_____

b) Ausgebohrtes Sechsecksprisma:

_____

_____

_____

_____

_____

4 Stell dir vor, in die abgebildeten Gefäße wird gleichmäßig Wasser eingefüllt. Die Schaubilder zeigen, wie der Wasserstand im Gefäß steigt. Ordne jedem Gefäß die passende Kurve zu.

a)

Graph: ____

b)

Graph: ____

c)

Graph: ____

d)

Graph: ____

A ▲ Füllhöhe → Zeit

B ▲ Füllhöhe → Zeit

C ▲ Füllhöhe → Zeit

D ▲ Füllhöhe → Zeit

1 Die Zeichnung zeigt jeweils den Querschnitt eines Eisenträgers.
Berechne Oberfläche und Volumen des Eisenträgers.

a) Länge 2m

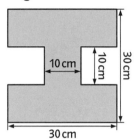

O = _____

V = _____

b) Länge 1,50 m

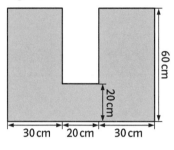

O = _____

V = _____

c) Länge 10m

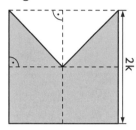

O = _____

V = _____

2 Familie Meier hat in ihrem Flur (250 cm × 500 cm) einen 3 mm dicken
PVC-Boden verlegt. Jede Noppe hat zusätzlich eine Höhe von 1 mm.

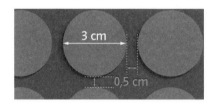

a) Berechne die Oberfläche. O = _____

b) $1 m^3$ des verwendeten PVC wiegt 1500 kg. Kann man den aufgerollten
Boden zu zweit tragen?

3 Ein Würfel mit der Kantenlänge 50 cm wird wie abgebildet in zwei
Teile zerlegt.

a) Die gefärbte Fläche hat die Form eines

_____ .

b) In jeden Teil des Würfels wird eine zylinderförmige Bohrung mit
25 cm Tiefe und 10 cm Durchmesser durchgeführt. Berechne die
Gesamtoberfläche und das Volumen beider Würfelteile.

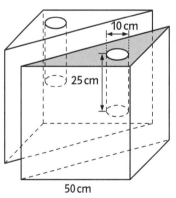

O = _____   V = _____

Fülle die Lücken. Für jeden Buchstaben findest du einen Strich. Löse dann die Beispielaufgaben.

▪ Oberfläche einer Pyramide

Die Oberfläche einer Pyramide besteht aus der Grundfläche und den dreieckigen Mantelflächen.

$O = G + M$

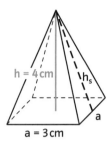

$h = 4\,cm$
h_s
a
$a = 3\,cm$

▪ Berechne die Oberfläche der Pyramide.

$$h_s^2 = h^2 + \left(\tfrac{a}{2}\right)^2$$

$$h_s = \sqrt{h^2 + \left(\tfrac{a}{2}\right)^2} = \underline{\hspace{3cm}}$$

$$M = 4 \cdot \frac{a \cdot h_s}{2} = \underline{\hspace{3cm}}$$

$$O = \underline{\hspace{4cm}}$$

▪ Volumen einer Pyramide

Das Volumen einer Pyramide mit der $\_\,\_\,\_\,\_\,\_\,\_$- $\_\,\_\,\_\,\_\,\_\,\_$ G und der Körperhöhe h ist $V = \tfrac{1}{3} \cdot G \cdot h$.

▪ Berechne das Volumen der oben abgebildeten quadratischen Pyramide.

$G = a^2 = \underline{\hspace{3cm}}$ $\qquad V = \underline{\hspace{3cm}}$

▪ Kreisteile

Die Fläche eines Kreisausschnittes und die Länge eines Kreisbogens werden anteilig zu dem entsprechenden Vollkreis mit 360° berechnet.

In Abhängigkeit zum

$\_\,\_\,\_\,\_\,\_\,\_\,\_\,\_\,\_\,\_\,\_\,\_\,\_\,\_\,\_$ α gilt:

$b = 2 \cdot \pi \cdot r \cdot \frac{\alpha}{360}$ bzw. $b = \pi r \cdot \frac{\alpha}{180°}$

$A_S = \pi \cdot r^2 \cdot \frac{\alpha}{360}$ bzw. $A_S = \frac{br}{2}$

▪ Berechne die Fläche des Kreisausschnittes und die Länge des Kreisbogens.

$b = \underline{\hspace{3cm}}$

$A_S = \underline{\hspace{3cm}}$

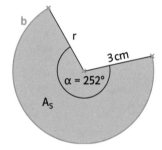

b
r
$3\,cm$
$\alpha = 252°$
A_S

▪ Kegel

Bei einem Kegel mit dem Radius r, der Seitenlänge s und der Höhe h berechnet man das Volumen

$V = \tfrac{1}{3} \cdot \pi \cdot r^2 \cdot h$

und die Oberfläche

$O = G + M = \pi \cdot r^2 + \pi \cdot r \cdot s$.

Die Bogenlänge b des Kegels ist dabei gleich dem Umfang des Grundkreises: $b = 2 \cdot \pi \cdot r$.

$b = 2 \cdot \pi \cdot r$
s
M
$u = 2 \cdot \pi \cdot r$
α
G r
s

▪ Berechne Volumen und Oberfläche des Kegels.

$V = \underline{\hspace{3cm}}$

$s^2 = h^2 + r^2$

$s = \sqrt{h^2 + r^2} = \underline{\hspace{2cm}}$

$M = \underline{\hspace{3cm}}$

$O = \underline{\hspace{3cm}}$

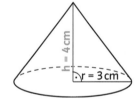

$h = 4\,cm$
$r = 3\,cm$

▪ Kugel

Bei einer Kugel mit dem Radius r berechnet man das Volumen V mit

$V = \tfrac{4}{3} \cdot \pi \cdot r^3$

und die Oberfläche O mit

$O = 4 \cdot \pi \cdot r^2$.

▪ Berechne Volumen und Oberfläche der Kugel.

$r = \tfrac{d}{2} = \underline{\hspace{3cm}}$

$V = \underline{\hspace{3cm}}$

$O = \underline{\hspace{3cm}}$

$d = 5\,cm$

▪ Zusammengesetzte Körper

Bei zusammengesetzten oder ausgehöhlten Körpern muss man für die Volumenberechnung die einzelnen Volumen der Teilkörper addieren oder subtrahieren. Die Oberfläche zusammengesetzter oder ausgehöhlter Körper berechnet man als die Summe der Einzelflächen.

▪ Berechne Volumen und Oberfläche des Körpers.

$V_{Kegel} = \underline{\hspace{3cm}}$

$V_{Halbkugel} = \underline{\hspace{3cm}}$

$V_{Gesamt} \approx \underline{\hspace{3cm}}$

$O_{Gesamt} = M_{Kegel} + O_{Halbkugel} \approx \underline{\hspace{2cm}} \; cm^2$

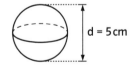

$8\,cm$
$5\,cm$

1 Verändere jeweils eine der beiden Gleichungen des linearen Gleichungssystems an einer Stelle so, dass es

a) unendlich viele Lösungen gibt.
   (1) $y = 3x + 4$
   (2) $y = 3x - 2$

b) keine Lösung gibt.
   (1) $y = -4x - 3$
   (2) $y = 2x - 3$

c) genau eine Lösung gibt.
   (1) $1{,}5y = 7{,}5x + 4{,}5$
   (2) $0{,}5y = 2{,}5x + 1{,}5$

---

2 Löse das lineare Gleichungssystem mit dem Additionsverfahren.

(1) $5x + 4y = 23$
(2) $3x - 4y = 19$

(1) + (2): _____

$x =$ _____

Setze x in (1) ein:

(1) $5 \cdot$ _____ $+ 4y = 23$

_____ $4y = 23$

$4y =$ _____

$y =$ _____

Probe mit Gleichung (2)

(2) $3 \cdot$ _____ $- 4 \cdot$ _____ $= 19$

_____ $+$ _____ $= 19$

_____ $= 19$

3 Löse das lineare Gleichungssystem mit dem Einsetzungsverfahren.

(1) $12x + 5y = 39$
(2) $12x = 4y + 120$

(1) +(2): $4y + 120 +$ _____ $=$ _____

_____ | _____

_____ | _____

$y =$ _____

x mit (1) $12x + 5 \cdot$ _____ $= 39$

$12x$ _____ $= 39\,|$ _____

$12x =$ _____ | _____

$x =$ _____

P in (2) $12 \cdot$ _____ $= 4 \cdot$ _____ $+ 120$

_____ $=$ _____

_____ $=$ _____

4 Löse das lineare Gleichungssystem mit dem Gleichsetzungsverfahren.

(1) $4x - 6 = 2y$
(2) $2y = 2x - 10$

(1) + (2): $4x - 6 =$ _____ | _____

_____ | _____

_____ | _____

$x =$ _____

y mit (1) $4 \cdot$ _____ $- 6 = 2y$

_____ $= 2y\,|$ _____

_____ $= y$

P in (2) $2 \cdot$ _____ $= 2 \cdot$ _____ $- 10$

_____ $=$ _____

_____ $=$ _____

---

5 Vereinfache die folgenden Terme.

a) $\sqrt{bc^3} =$ _____

b) $\sqrt{u^3 v^2} =$ _____

c) $\left(2\sqrt{a} + 3\sqrt{b}\right)^2 =$ _____

d) $\left(3\sqrt{2x} - \sqrt{3y}\right) \cdot \left(3\sqrt{2x} + \sqrt{3y}\right) =$ _____

e) $\dfrac{\sqrt{ab^2} \cdot \sqrt{a^2 b}}{\sqrt{ab}} =$ _____

f) $\dfrac{\sqrt{16x} + 3\sqrt{y}}{8\sqrt{x} + \sqrt{36y}} =$ _____

---

6 Bauer Hinnrich hat drei quadratische Grundstücke gepachtet.

a) Wiese 1 und 2 liegen direkt nebeneinander und sollen zusammen

eingezäunt werden. Er benötigt hierfür _____ m Zaun.
Beginne mit der Grundseite von Wiese 1.

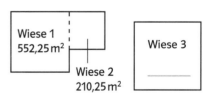

b) Das dritte Grundstück ist flächengleich zu der gesamten Wiese aus a). Insgesamt muss Bauer Hinnrich daher

_____ m Zaun bestellen, wenn er auch diese Wiese einzäunen möchte.

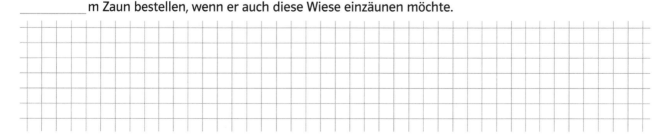

7 Jutta möchte bei einem Versandhaus eine Kompaktstereoanlage (Preis: 298 €) bestellen. Gegen einen geringen Aufpreis (26,82 €) wird ihr angeboten, dass sie die Anlage erst in einem Jahr bezahlen muss. Auf ihrem Sparbuch befinden sich zurzeit genau 300 €. Sie erhält dafür 3 % Zinsen. Sollte sie das Angebot des Versandhauses annehmen?

a) Sparbuch
Berechnung der Zinsen mit dem Dreisatz:

300 € — _____ %

_____ € — 1 %

_____ € — 3 %

b) Versandhaus
Berechnung des Zinssatzes mit dem Dreisatz:

298 € — _____ %

1 € — _____ %

26,82 € — _____ % = _____

Der Zinssatz des Versandhauses ist _____ als der Zinssatz des Sparbuches. Er beträgt _____ %.

Jutta sollte _____ , sie spart damit _____ €.

8 Fülle die Lücken. Die Zinssätze beziehen sich jeweils auf ein Jahr.

a) Wenn ein Guthaben von 3500 € für 2,3 % 120 Tage angelegt wird, so erhält man _____ € Zinsen dafür.

b) Maike hat 5500 € auf ihrem Tagesgeldkonto. Nach drei Monaten hat sie bereits 5550 € auf dem Konto.

Sie bekommt einen Zinssatz von _____ %.

c) Eine Geldanlage bringt bei 5,5%iger Verzinsung in 72 Tagen 165 €. Das Kapital beträgt _____ €.

9 Aaron legt 5000 € zu einem Zinssatz von 5 % für einen Zeitraum von zehn Jahren fest an.

a) Auf welchen Betrag wird sein Kapital nach dieser Zeit anwachsen? _____ €

b) Nach _____ Jahren hat Aaron dann erstmals mehr als 6000 € auf seinem Konto.

10 Das Rechteck mit den Seitenlängen a = 3 cm und b = 6 cm wird vergrößert oder verkleinert. Ergänze die Tabelle mit den Seitenlängen a' und b' des vergrößerten/verkleinerten Rechtecks und finde den Fehler, der sich dort eingeschlichen hat.

	k	a'	b'
a)	1,5		9 cm
b)		2,7 cm	5,4 cm
c)		4,8 cm	10,6 cm
d)	0,8		
e)		3,3 cm	6,6 cm

11 Ergänze zu einem ähnlichen Dreieck.

12 Die im Straßenschild angegebene Steigung von 12 % bedeutet, dass bei 100 m horizontaler Fortbewegung 12 m Höhenunterschied zu bewältigen sind. Bestimme die fehlenden Angaben in der Zeichnung.

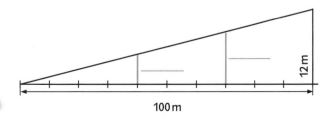

13 Bestimme die fehlenden Längen des Glasfensters.

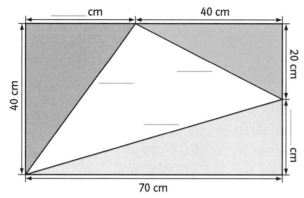

14 Von einem rechtwinkligen Dreieck sind die Länge der Hypotenuse (c = 5 cm) und eines Hypotenusenabschnitts (p = 1,8 cm) bekannt. Berechne die Längen der beiden Katheten.

$a^2 = c \cdot p =$ ____ · ____ = _____ , also a = _____

$b^2 =$ _·_ = ____ · ____ = _____ , also b = _____

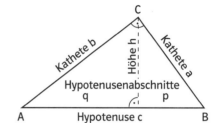

15 Bestimme die Seitenlängen der beiden in den Quader eingezeichneten Dreiecke. Die Punkte A, B, C und F teilen die Seite jeweils im Verhältnis 1:3 bzw. 3:1, d.h. eine Strecke ist dreimal so lange wie die andere (1 Kästchen $\triangleq$ 1cm).

$\overline{AB} =$ _____ cm

$\overline{BC} =$ _____ cm

$\overline{AC} =$ _____ cm

$\overline{DE} =$ _____ cm

$\overline{EF} \approx$ _____ cm

$\overline{DF} \approx$ _____ cm

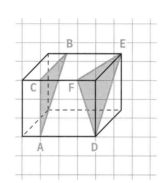

Das Dreieck _____ ist rechtwinklig, daher kann man seinen Flächeninhalt leicht berechnen:

A = _____

_____ .

16 Berechne die Länge der orangen Strecke. Gib an, ob du den Höhensatz (HS) oder den Kathetensatz (KS) für die Lösung benötigst.

a)
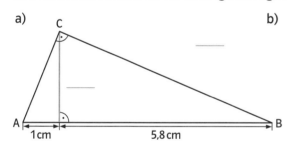

b)
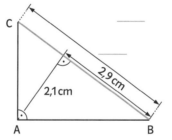

c)
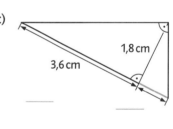

17 Berechne die fehlenden Werte für

Körper	r	s	h	M	O	V
	12 dm	20 dm				
	7,5 m		13 m			
	a	s	h	h_s	G	V
	20 cm		17 cm			
			25 cm	29 cm		
	r		d		O	V
	12 dm					
						140 cm²

Register

Addition von Quadrat-
wurzeln 18, 20
Additionsverfahren 15
ähnliche Figuren 27, 28, 32
Anfangskapital 25

Division von Quadrat-
wurzeln 17, 20

Einsetzungsverfahren 15
erster Strahlensatz 32

Flächeninhalt des Kreisaus-
schnitts 52

Gleichsetzungsverfahren 15
Gleichungssystem,
lineares 9, 10, 15

Höhensatz 36, 41
Hypotenuse 41
Hypotenusenabschnitt 41

irrationale Zahlen 20

Jahreszinsen 25

Kapital 25
Kathete 31
Kathetensatz 35, 41
Kegel 47, 52
–, Mantelfläche 52
–, Oberflächeninhalt 47, 52
–, Volumen 47, 52
Kleinkredit 25
Kreditaufschlag 25
Kreisausschnitt 46, 52
–, Flächeninhalt 52
Kreisbogen 46, 52
Kubikwurzel 20
Kugel 48, 49, 52
–, Oberflächeninhalt 48, 52
–, Volumen 49, 52

lineare Gleichung mit zwei
Variablen 8
lineares Gleichungs-
system 9, 10, 15
–, Optimieren 15
–, Ungleichungssystem 15
Lösen
–, durch Addieren 12, 15
–, durch Einsetzen 15
–, durch Gleichsetzen 11, 15
–, grafisches 15
Lösung
– eines linearen Gleichungssystems 13, 15
– eines linearen Ungleichungssystems 15

Modellieren mit linearen
Gleichungssystemen 14
Multiplikation von Quadrat-
wurzeln 17, 20

n-te Wurzel 19, 20

Optimieren, lineares 15

Prisma 42, 43
Pyramide 44, 45
– Mantelfläche 52
– Oberflächeninhalt 44, 52
– Volumen 45, 52
Pythagoras, Satz des 37, 41

Quadratwurzel 16
Quadratwurzeln
– addieren 18, 20
– dividieren 17, 20
– multiplizieren 17, 20
– subtrahieren 18, 20

Ratenkauf 25
Rechengesetze für Quadratwurzeln 20
reelle Zahlen 20

Satz des Pythagoras 37, 41
– anwenden 40
– in geometrischen
Figuren 38, 39, 41
Strahlensatz
–, erster 32
–, zweiter 32
Strahlensätze anwenden 31
Streckfaktor 28, 32
Steckung, zentrische 26, 32
Streckzentrum 32
Subtraktion von Quadrat-
wurzeln 18, 20

teilweises Wurzelziehen 20

vergrößern 32
verkleinern 32

Wurzel 20
–, n-te 19, 20
–, Rechnen mit 20
Wurzel ziehen
–, teilweises 20

zentrische Streckung 26, 32
Zinsen 22, 23, 25
Zinseszinsen 24, 25
Zinseszinsformel 25
Zinsfaktor 25
Zinssatz 25
zusammengesetzte
Körper 50, 51, 52
–, Oberflächeninhalt 52
–, Volumen 52
Zuwachssparen 25
zweiter Strahlensatz 32
Zylinder 42, 43

Die Seitenangaben in Schwarz verweisen auf die Lerneinheit, die in Orange auf den Merkzettel.